国内外农产品标签标识法规与标准研究

◎ 韩 娟 李紫琪 著

中国农业科学技术出版社

图书在版编目（CIP）数据

国内外农产品标签标识法规与标准研究 / 韩娟，李紫琪著 . -- 北京：中国农业科学技术出版社，2021.11

ISBN 978-7-5116-5564-6

Ⅰ . ①国… Ⅱ . ①韩… ②李… Ⅲ . ①农产品 – 标识 – 研究 – 世界 Ⅳ . ① F316.5

中国版本图书馆 CIP 数据核字 (2021) 第 222098 号

责任编辑 周　朋
责任校对 马广洋
责任印制 姜义伟　王思文

出 版 者 中国农业科学技术出版社
北京市中关村南大街 12 号　　邮编：100081
电　　话 （010）82106631（编辑室）（010）82109702（发行部）
（010）82109709（读者服务部）
传　　真 （010）82109698
网　　址 https://castp.caas.cn
经 销 者 各地新华书店
印 刷 者 北京建宏印刷有限公司
开　　本 185mm × 260mm　1/16
印　　张 11.5
字　　数 249 千字
版　　次 2021 年 11 月第 1 版　　2021 年 11 月第 1 次印刷
定　　价 78.00 元

前 言

近年来随着国家政策的改变与人民生活水平的提高，政府监管部门与消费者对农产品质量安全及营养品质越来越重视。在政府监管过程中，标签标识是管理监督的主要目标；在日常消费中，标签标识是消费者了解产品质量的重要渠道；近年来，国内学者对于农产品标签标识的研究逐渐增多，但多集中于农产品营养标签或安全标签的相关内容。我国的农产品标签标识制度及法规研究相较而言尚处于起步阶段，因此近年来国内学者在农产品标签标识研究的内容上同样偏重于对国际上现有的标签标识制度及法规进行归纳总结，试图从中梳理出农产品标签标识制度的大概框架，从而为我国农产品标签标识制度的建立以及标签标识法规的完善提供借鉴。农产品标签标识研究虽然在近几年逐渐增多，但仍存在系统性不强，缺乏对现有制度法规完整的系统梳理总结。

本书从农产品标签标识的定义出发，对现有的农产品标签类型进行归纳，总结我国现有的涉及农产品标签标识内容的法律法规及主要内容，再从国际组织和国内外农产品标签标识3个方面对现有的农产品标签进行梳理，最后对农产品标签标识制度及法规的发展方向提出了建议。

本书的第一章整体概括了农产品标签标识的定义，对现有农产品标签标识的类型进行简单地总结评价，并对于国内现有的农产品标签标识法规进行了归纳。

第二章则介绍了食品法典委员会（CAC）、世界贸易组织（WTO）以及国际标准化组织（ISO）3个国际组织的农产品标签标识法规及标准。

第三章是本书的重点章节，对于不同国家现行的农产品标签标识制度进行简单归纳总结，以从中梳理出农产品标签标识制度的脉络，完善我国农产品标签标识法规。由于不同国家对农产品标识规定的侧重不同，第三章除以不同国家作为区分外，还对每个国家的不同标签制度进行了简单归纳，如：美国的原产地标签法规制度和农产品营养标签制度；加拿大的过敏原标签和营养标签制度等；日本的加工食品标识、腌制农产品质量标识和JAS标识制度等；法国的原产地标识和红色标签认证制度等；英国的交通灯信号标签和农产品碳标签制度等；德国的农业生态标签制度和有机农产品标签制度等；意大利的地理标识制度和有机标识制度等；欧盟转基因农产品标识制度和北欧食品 Keyhole 标签系统等；俄罗斯的有机食品标签制度和农产品标签标识制度等；澳大利亚和新西兰的健康星评分系统和过敏原标识制度等；以及哈萨克斯坦和韩国的相关农产品标签标识制度。

第四章则系统介绍了我国现有农产品标签标识制度和相关法规体系，并简要介绍我国农产品标签标识制度的起源及发展历程，此外还对我国现行的农产品标签标识法律法规进行了简单梳理和解读。除此之外，又以农产品的种类为依据，分别梳理了我国现有畜禽肉类、禽蛋类、粮谷类、水果蔬菜类、水产品类、林产品类、油料作物、花卉类以及棉麻类农产品的法律法规。最后则列出了我国特殊的农产品标签标识法律法规，如农产品营养标签、无公害农产品标签标识、绿色食品标签标识、农产品包装标识制度、转基因农产品标识制度、预包装食品标签制度、原产地标识、有机农产品标识制度以及过敏原标识制度。

第五章则通过分析近年来农产品标签标识的相关研究内容对我国未来农产品标签标识发展方向进行了推测。首先是农产品的碳标签制度，其次是食品包装正面标识体系（FOP），以及智能标签（RFID）技术。

第六章则是在对当前农产品标签标识制度及法规总结的基础上，提出相应的发展建议。

尽管我国农产品标签标识制度已经起步并取得了阶段性的发展，但与如美国、欧盟等国家和地区相比尚有不足，通过梳理当前国际和国内的农产品标签标识法规及制度，了解不同农产品标签制度的异同，能够为我国农产品标签标识制度和法规的完善提供参考。本书将近年来农产品标签标识制度和法规方面的研究成果梳理总结归纳成书，因作者水平有限，内容难免有遗漏或错误，敬请批评斧正。

著者

2021 年 7 月

目　录

第一章　引言

农产品的标签和标识是消费者识别、了解农产品属性与品质的重要方式之一。我国作为农产品进出口大国，近年来农业生产和农产品流通标识越来越规范化。美国、英国、欧盟、日本及澳大利亚等国家和地区对于农产品标签标识早有规定，也已形成比较完整的法规和标准体系。近年来，随着我国农业生产的规范化以及农产品进出口数量的加大，我国在农产品标签标识领域逐渐建立起相关的法规和标准体系。

我国重视食品质量安全问题，在食品质量方面已经形成完善的法律、法规和标准体系。我国目前与食品质量安全相关的法律、法规和标准主要有《产品质量法》《食品卫生法》《农产品质量安全法》《食品添加剂使用卫生标准》，各种食品用容器、包装材料法规，以及各种有机、绿色、无公害食品产地、生产操作、质量检验标准等。这些法律、法规和标准保证了食品从生产、加工到销售各个环节都有章可循。但是，我国各地的食品质量事故仍时有发生，其中一个重要原因是很多销售的食品或食品原料难以追溯到相关生产者和加工者，导致部分食品生产、加工者在利益的驱动下轻视社会责任，生产加工出问题食品。我国首部食品安全绿皮书《中国食品安全报告（2007）》中指出，与国际水平相比，中国食品安全科技整体处于较低水平，过程控制和产地溯源是当前提高农产品质量安全的主要技术发展方向。

一、农产品标签标识

1. 含义

依据《鲜活农产品标签标识》（GB/T 32950—2016），标签标识是指在销售的产品、产品包装标签或者随同产品提供的说明性材料上，以书写的、印刷的文字和图形等形式对产品所做的标示。

而农产品标签标识则指的是标注在农产品外包装，或以附加标签纸、标识牌、标识带或说明书的形式，对农产品进行名称、质量状况、产地、生产日期、贮存条件和保质期、生产者和（或）经销者的名称（地址和联系方式）、净含量和规格、安全标识、营养标识以及其他要求等内容的标示。

2. 类型

（1）营养标签

营养标签通常运用于食物的营养声称和营养标注中，通过在食物的外包装上标注营养成分、营养信息以及适当的营养声明和健康声明，来对食物营养进行标注。当前许多国家或地区如美国、澳大利亚、新西兰以及欧盟等已经强制实施了食物营养标签。食用农产品作为食物的重要组成部分，其营养标签的相关规定在现有的食物营养标签中同样有迹可循。国际食品法典委员会（Codex Alimentarius Comission，CAC）出台了当前最为权威的食物营养标签，1979 年，CAC 下设的食品标签法典委员会（Codex Committee on Food Labelling，CCFL）出台了声称通用指南（CAC/GL-1979），第一次对于食物标签声称进行了相关规定；随后，CCFL 将食物营养标签分为了食物营养成分标示和营养健康声称，并出台了一系列相关规定。除去 CAC，美国对于食用农产品标签标识的规定也具有一定的参考价值，其建立起的整体法规体系目前发展得已经相当完善，其中《营养标签与教育法》《联邦食用肉检查法》《联邦家禽产品检查法》及《联邦蛋产品检查法》在食用农产品营养标签标识方面则进行了更加详细的规定，具体内容将在第二章《国际组织农产品标签标识法规及标准》，以及第三章《国外农产品标签标识法规及标准》中进行详细阐述。

食品营养标签是向消费者提供食品营养信息和特性的说明，也是消费者直观了解食品营养组分、特征的有效方式。根据《食品安全法》有关规定，为指导和规范我国食品营养标签标示，引导消费者合理选择预包装食品，促进公众膳食营养平衡和身体健康，保护消费者知情权、选择权和监督权，原卫生部在参考 CAC 和国内外管理经验的基础上，组织制定了《预包装食品营养标签通则》（GB 28050—2011），于 2013 年 1 月 1 日起正式实施。

国际组织和许多国家都非常重视食品营养标签，CAC 先后制定了多个营养标签相关标准和技术文件，大多数国家制定了有关法规和标准。特别是世界卫生组织 / 联合国粮农组织（WHO/FAO）的《膳食、营养与慢性病》报告发布后，各国在推行食品营养标签制度和指导健康膳食方面出台了更多举措。WHO 2004 年调查显示，74.3% 的国家有食品营养标签管理法规。美国早在 1994 年就开始强制实施营养标签法规，我国台湾地区和香港特别行政区也已对预包装食品采取强制性营养标签管理制度。

发达国家在生鲜农产品营养标签方面已进行了诸多探索。2015 年，日本开始实施新《食品标识法》。该法把食品分为加工食品、生鲜食品、添加剂。明确区分了加工食品与生鲜食品的标签内容。

由于生鲜食品与加工食品的差异，其标签标识应当有所差别，不能笼统地执行相同标准。日本新《食品标识法》的先进之处就在于首先将生鲜食品与加工食品进行明确区分，然后根据其各自差异规定标识内容。从2012年开始，美国农业部（United States Department of Agriculture，USDA）食品安全检验署要求袋装家禽绞肉或碎肉产品（如火鸡肉和碎牛肉等）、整肉或切割肉产品（如鸡胸肉或牛排等）在产品标签上需注明其营养成分。营养成分需要列出的项目包括能量、脂肪总量以及饱和脂肪含量。其中，绞肉或碎肉产品还需列出其中所含瘦肉和脂肪的比例。加拿大关于ω-3鸡蛋的相关规定指出，ω-3加强型鸡蛋可以在包装上声称"ω-3多元不饱和脂肪酸来源"，但鸡蛋必须在标准服用量或参考量（即50 g）含有0.3 g以上ω-3多元不饱和脂肪酸。国际上关于食品功能声称有较成熟的管理办法和惯例。在日本，农产品的功能声称也有相关标准可循。日本自2015年4月起执行《功能性标示制度》，在医药品、特定保健用食品、营养功能食品的基础上，新加入了可对功能性做出标示的食品——"功能性标示食品"。"功能性标示食品"是指企业根据科学依据在产品包装上标示功能性内容，并向消费者厅申报的食品。功能性农产品是指所有农林水产品或经科学认证的含有对人体健康有益的功能性成分的农林水产品。

（2）安全标签

安全是食用农产品最为重要的性质，只有保证农产品的安全，才能进一步考虑农产品的品质以及营养价值。近年来，农产品安全事件频发，政府有关部门对于农产品质量安全的关注度也持续上升，尤其随着科学技术的发展，农产品质量安全追溯系统被提出，也就产生了农产品的安全标签。农产品质量安全的保障不仅要聚焦生产阶段，在流通销售阶段的安全性同样重要，通过标签标识认证来肯定食用农产品的安全价值，从而确定食用农产品的安全性，为食用农产品的流通销售提供便利。

3. 发展历程

农产品标签标识经历了名称标签、营养标签、安全标签、原产地标签以及预包装标签5个阶段，其中名称标签和安全标签较为基础，是农产品所必需的标签标识；营养标签最初起源于欧美，以美国和CAC发展得最为完善。CAC标准目前与欧盟标准接轨，内容比较完整，能够作为诸多标签标识法规的模板与依据。

4. 存在意义

农产品与食品紧密相关，农产品标签标识从一定程度上而言可以借鉴现有的食品标签标识法规，并以此为蓝本对农产品标签标识进行评价和完善。

由于在市场上很难看到标识，农产品监管只能通过检测获知相关产品的质量安全信息，大量的检测工作不仅影响了执法工作的开展，也不利于市场准入工作的深入。建立农产品标签标识制度一方面可以及时将超标产品追回，另一方面也可以有效地将超标产品与其他产品区分开来。

食品标签是指预包装食品容器上的文字、图形、符号，以及一切说明物。食品标签的所有内容，不得以错误的、引起误解的或欺骗性的方式描述或介绍食品，也不得以直接或间接暗示性的语言、图形、符号导致消费者将食品或食品的某一性质与另一产品混淆。此外，根据规定，食品标签不得与包装容器分开；食品标签的一切内容，不得在流通环节中变得模糊甚至脱落，食品标签的所有内容，必须通俗易懂、准确、科学。食品标签是向消费者传递产品信息的载体。做好预包装食品标签管理，既是维护消费者权益和保障行业健康发展的有效手段，也是实现食品安全科学管理的需求。

农产品标签标识的存在，不仅能够帮助消费者更加清晰地了解农产品的品质，而且在增强农产品流通销售过程中的竞争力方便也大有裨益，尤其在国际贸易方面，制定规范化的农产品标签标识法规，接轨国际标准，能够减少我国农产品在出口方面所遭受的贸易壁垒，协调国际贸易所产生的争端，避免不必要的损失。

二、现存农产品标签标识法规及标准概况

纵观世界，各个国家对食品标签标识问题也是高度关注。亚太经合组织也将食品标签标准一致化工作列入四个首要完成的工作之一，并将食品标签法律、法规及标准研究项目定为最优先级及最重要的 A 级项目。德国、美国、英国等国家都相应出台了很多有关食品标签标识的法律、法规和条例等，严格规范食品标签标识问题。我国也已经颁布《产品质量法》《食品安全法》《产品标识标注管理规定》等法律法规和《预包装食品标签通则》（GB 7718）、《预包装食品营养标签通则》（GB 28050）、《食品添加剂使用卫生标准》（GB 2760）等强制性国家标准来严格规范食品标签，保障食品质量安全和维护经济秩序。

1. 基本信息

CAC《预包装食品标签通用标准》规定食品标识中包括食品的名称和配料表，还有净含量、生产厂、地质、生产批号等，并细化到有效期、食品用法及贮藏指南。

2. 生产技术信息

科学技术的发展使食品生产不再完全依赖于传统生产的方法与技术，由于应该保护消费者知情权，再加上应用特定生产技术生产的产品存在一定的潜在风险，因此，很多国家开

始有效标识利用特定生产技术生产的食品。比如，辐照食品标识需求现在已经被明确归纳到CAC《预包装食品标签通用标准》中；CCFL深入研究了转基因标识的相关问题，一直努力构建标准并且规范的标识方案，很多国家与地区也已经基于转基因食品标识管理编制了完善的政策与法规。

3. 营养信息

从CAC《预包装食品标签通用标准》中可以看出，营养的标准可以从两个方面进行诠释：一方面是营养特性标签中营养成分的诠释；另一方面是营养声明的诠释。这两个方面不仅是透明化的重点，也是消费者知情权的保障。不少国家还开始对非传染性疾病和食品营养两者之间的关系进行深入的研究。

4. 认证信息

食品认证相关法规及标准是一种保证食品安全的有效工具，为消费者提供了有效的认证工具，并且明确了一系列和食品安全相关的内容。比如《有机食品生产加工标识及销售准则》，我国借鉴发达国家的优秀经验与科研成果，与时俱进地制定了无公害和绿色食品标识管理方法。与此同时，还制定了《有机食品》（GB/T 19630.1–4）一系列规定。

第二章　国际组织农产品标签标识法规及标准

农产品（食品）领域的国际标准组织主要有国际标准化组织（International Organization for Standardization，ISO）、联合国粮农组织（FAO）和世界卫生组织（WHO）下属的食品法典委员会（CAC）、国际乳品联合会（International Dairy Federation，IDF）、国际葡萄与葡萄酒局（International Vine and Wine Office，IWO）、世界动物卫生组织（World Organization for Animal Health，OIE）、国际植物保护公约（International Plant Protection Convention，IPPC）等。其中ISO、CAC、OIE、IPPC四大标准组织是WTO认可的国际标准化组织。

目前最重要的国际食品标准分属两大系统，即ISO系统的食品标准和CAC系统的食品标准，其现状和发展趋势对世界各国食品发展有举足轻重的影响。

一、国际食品法典委员会

国际食品法典委员会（CAC）是1963年由FAO与WHO联合设立的政府间国际组织，其职责是协调政府间食品标准、建立完善的食品国际标准体系。

国际食品法典委员会下设食品标签法典委员会（CCFL），负责食品标签的工作。CCFL将食品标签划分为营养成分标示和营养健康声称两部分内容。

食品法典委员会的工作是每两年召开一次全体会议，其下属机构由一个设在FAO内由FAO/WHO共同提供经费的食品标准计划秘书处提供后勤、技术以及管理方面的支持。CAC作为《实施卫生与植物检疫措施协议》（Agreement of Sanitary and Phytosanitary Measures，SPS）中被指定的协调组织者之一，为成员国和国际机构提供了一个交流食品安全和贸易问题信息的论坛，通过制定建立具有科学基础的食品标准、准则、操作规范和其他相关建议以促进消费者保护和食品贸易。

CAC的主要职能为：

①保护消费者健康和确保公平的食品贸易；

②促进国际政府和非政府组织所承担的所有食品标准工作的协调一致；

③通过或借助于适当的组织确定优先重点以及开始或指导草案标准的制定工作；

④批准由以上第3条已制定的标准，并与其他机构（以上第2条）已批准的国际标准一起，在由成员国政府接受后，作为世界或区域标准予以发布；

⑤根据制定情况，在适当审查后修订已发布的标准。

CAC对FAO及WHO的所有成员国及准成员开放，接纳其为成员。对非委员会成员，如果对委员会工作特别关注，也可以受邀请作为观察员参加会议。目前有167个成员，覆盖了世界人口的98%，其中149个以观察员身份代表生产者、产业界以及民间团体的国际非政府组织（International Non-Governmental Organization，INGO），58个为政府间组织。发展中国家成员的数目迅速增长并占绝大多数。我国于1986年正式加入CAC，成为国际食品法典委员会的正式成员。

CAC的目的和宗旨是建立国际标准、方法、措施，指导日趋发展的世界食品工业，消除贸易壁垒，减少食源性疾病，保护公众健康，促进公平的国际食品贸易发展，协调各国的食品标准立法并指导其建立食品安全体系。CAC的主要工作内容是制定食品法典标准、最大残留限量、食品安全操作规范和指南。1995年《技术性贸易壁垒协议》（Agreement on Technical Barriers to Trade，TBT）、WTO/SPS正式承认CAC标准作为促进国际贸易和解决贸易争端的参考依据，从此CAC在国际贸易中具有了法律地位和权威约束力，符合CAC食品标准的产品可为各国所接受，并可进入国际市场。一个国家可以根据其领土管辖范围内食品现行法令和管理程序，以“全部采纳”“部分采纳”“自由销售”等几种方式采纳法典标准，但食品法典绝不能代替国家法规，各国应采用相互比较的方式总结法典标准与国内有关法规之间的实质性差异，积极采纳法典标准。

1. CAC标签体系

CAC关于食品标签的法规主要有：

①《声称通用指南》（CAC/GL 1-1979）；

②《营养和健康声称使用指南》（CAC/GL 23-1997）；

③《营养标签指南》（CAC/GL 2-1985）；

④《特殊膳食用预包装食品标签和声称通用标准》（CODEX STAN 146-1985）；

⑤《有机食品生产、加工、标识和销售指南》（CAC/GL 32-1999）；

⑥《预包装食品标签通用标准》（CODEX STAN1-1985）；

⑦《“清真”术语使用通用导则》（CAC/GL 24-1997）。

根据CAC在《营养标签指南》（CAC/GL 2-1985，Rev.1-2006）的定义，营养标签是指向消费者提供食物营养特性的一种描述，包括营养成分标示和营养补充信息。该指南适用于所有食品的营养标签，营养标签应由营养声明和辅助营养信息两部分组成。对于用任何声明、建议或暗示来表示食品具有特定的营养特性的需强制进行营养声明，其他食品自愿。辅助营养信息旨在加深消费者对其食品营养价值的了解，并有助于消费者对营养物声明的理解，是非强制性的。

2. 过敏原标识

CAC 在《预包装食品标签通用标准》中明确规定，对已知的导致过敏反应的食品和配料应始终加以说明。1999 年国际食品法典委员会第 23 次会议公布了过敏食物的清单，包括 8 种常见和 160 种较不常见的过敏食物。CAC 通过的会引起过敏反应并应在标签上声明的 8 种食物和成分的清单有：含有谷蛋白的谷物，即小麦、黑麦、大麦、燕麦和斯佩耳特小麦，或其杂交品系及其制品；甲壳类及其制品；蛋和蛋制品；鱼和鱼制品；花生、大豆及其制品；奶和乳制品（包括乳糖）；坚果和坚果制品；浓度为 10mg/kg 或更高的亚硫酸盐。CAC 建议各国在食品包装上均应标示这些过敏成分以免对消费者造成伤害。

当前，CAC 规定了八大类过敏原，其他国家和地区会根据自身国情在 CAC 的基础上制定出需要标识的食品过敏原种类。由于不同国家或地区的饮食习惯存在区别，人体对食物的适应性有所差异，故致敏食物也不尽相同。例如甲壳类，日本只包括虾和蟹等甲壳类（crustacean shellfish），而加拿大并未指明是软体的贝壳类（molluscan shellfish）还是虾和蟹等甲壳类。

二、世界贸易组织

世界贸易组织（WTO）涉及农产品标签标识法规及标准相关的内容一般包含于《技术性贸易壁垒协议》（TBT）中。TBT 是世界贸易组织管辖的一项多边贸易协议，是在关贸总协定东京回合同名协议的基础上修改和补充的。它由前言和 15 个条款及 3 个附件组成。主要条款有：总则、技术法规和标准、符合技术法规和标准、信息和援助、机构、磋商和争端解决、最后条款等。协议适用于所有产品，包括工业品和农产品，但涉及卫生与植物卫生措施的，由 SPS 进行规范，政府采购实体制定的采购规则不受本协议的约束。协议对成员中央政府机构、地方政府机构、非政府机构在制定、采用和实施技术法规、标准或合格评定程序分别作出了规定和提出了不同的要求。协议的宗旨是，规范各成员实施技术性贸易法规与措施的行为，指导成员制定、采用和实施合理的技术性贸易措施，鼓励采用国际标准和合格评定程序，保证包括包装、标记和标签在内的各项技术法规、标准和是否符合技术法规和标准的评定程序不会对国际贸易造成不必要的障碍，减少和消除贸易中的技术性贸易壁垒。合法目标主要包括维护国家基本安全，保护人类生命、健康或安全，保护动植物生命或健康，保护环境，保证出口产品质量，防止欺诈行为等。技术性措施是指为实现合法目标而采取的技术法规、标准、合格评定程序等。

TBT 附件 1 是《本协议下的术语及其定义》，对技术法规、标准、合格评定程序、国际机构或体系、区域机构或体系、中央政府机构、地方政府机构、非政府机构等 8 个术语作了定义。附件 2 是《技术专家小组》。附件 3 是《关于制定、采用和实施标准的良好行为规范》，要求世界贸易组织成员的中央政府、地方政府和非政府机构的标准化机构以及区域性标准化机构接受该规范，并使其行为符合该规范。

协议规定设立技术性贸易壁垒委员会负责管理、监督、审议协议的执行。

1. 技术贸易壁垒协议的产生背景

产品标准在生产中具有重要作用，它可以减少各种生产投入和生产机械的应用，从而降低成本，也节省设计、生产、运输和仓储的开支。标准在国际交易中是必不可少的，因为它确保了货物质量的一致性。标准还可减少由进出口货物的规格、质量和服务引发的争端。

商业交易中使用的许多标准是自愿的。实际上，出口企业也会发现其中一些有强制性标准的效应。当大型企业拒绝购买不符合他们所制定标准的货物时，就会发生这种情况。

各成员国政府经常制定各种产品的健康和安全标准，并通过有关法律来保护消费者，因为，后者无法鉴别使用这些产品时的危险。另外，各成员国政府还制定了保护环境和自然资源的法规。

当各成员政府采用了不同的产品标准后，制造商就不得不调整其生产工艺，以满足不同出口市场的技术规格要求，因而增加了设备安装的成本，也使公司无法从规模经济中获益。

此外，有些国家为了保护国内市场，故意设置技术性贸易壁垒，严重影响国际贸易的正常发展。

为了发展国际贸易，减少因技术性要求、产品标准的过分差异而造成的障碍，在乌拉圭回合中，各谈判方达成了技术性贸易壁垒协议，它由 15 个条款和 3 个附件组成，包括技术法规和标准、技术条例和标准的一致性、情报与援助等内容。

2. 基本内容

（1）总原则

技术性贸易壁垒协议规定，成员在实行上述强制性产品标准时，不应对国际贸易造成不必要的障碍，并且，这些标准应以科学资料和证据为基础。

该协议认为，如果强制性标准基于国际通行的标准，它就不会对国际贸易造成不必要的障碍。然而，如果由于地理、气候及其他方面的原因，成员不能使自己的强制性规定以国际规定为基础时，他们就有义务以草案形式公布这些规定，让其他成员的生产商有机会提出意见。协议还要求，成员有义务在最终确定标准时考虑这些意见，以保证由其他成员生产和出口的产品的特性得到适当考虑。

（2）统一术语

技术性贸易壁垒协议中含有适用于产品标准的国际规则。协议用“技术规定”这一术语指强制适用的标准，用“标准”这一术语指自愿标准。

这两个术语包括的内容有：

①产品特性；

②影响产品特性的工艺和生产方法；

③术语和符号；

④产品的包装和标签要求。

协议规则仅适用于影响产品质量和其他特性的工艺和生产方法。其他方面的工艺和生产方法不在协议条款范围之内。

（3）成员义务

在协议序言第二条中提出了对成员方技术规定的要求，技术规定需符合的条件协议认识到成员有权采用技术规定制定强制性的产品标准（包括包装和标签要求）。颁布实行这些规定是为了保证出口产品质量，保护人类健康或安全，以及保护动植物或环境。

协议要求成员确保其技术规定符合如下的条件：

① 在最惠国待遇基础上适用于所有来源的进口货物；

② 进口产品享受的待遇应不低于国产品享受的待遇（国民待遇原则）；

③ 制定和实施的形式不应对贸易造成不必要的障碍；

④ 应以科学资料和证据为基础。

协议还规定了管理当局在制定技术规定时应考虑的标准，以避免对贸易造成不必要的障碍。

（4）技术规定要基于国际标准

确保技术规定不对贸易造成不必要障碍的一种方法是以国际标准作为基础。协议要求成员有义务基于国际标准制定技术规定。当管理当局由于气候、地理或技术因素认为国际标准效果不好或不合适时，可以作为例外处理。为在国际范围进一步协调技术标准，协议呼吁世贸组织成员积极参与国际标准化组织和其他国际标准组织的工作。

（5）对制定与现行国际标准不符的技术规定的程序要求

协议规定，当成员在制定与现行国际标准不符的强制性技术规定时，应遵循一定的程序性规则。协议要求成员在通过未基于现行国际标准的技术规定时，公开发布通告并通知世贸组织秘书处。另外，在通过此类规定之前，他们必须提供足够的说明。这些条款意在给有关出口成员提供一个就标准草案提出意见的机会，以确保在最终通过的规定中考虑到他们所产产品的特性。协议要求准备采用技术规定的成员有义务在最终确定规定内容时考虑出口商的意见。

3. 技术文本的获取

（1）保证外国供应商在正常状态下在进口国取得确认证书

对一些实施强制性标准的产品，管理当局也许会要求，只有在制造商或出口商从进口成员的指定机构或实验室取得证明其产品符合标准的确认证书时，进口产品才能销售。为避免外国供应商在获取确认证书时处于不利地位，协议作出如下规定：

① 在评估的程序方面，对外国供应商的待遇应不低于对国内供应商的待遇；

② 对外国供应商征收的费用应与对国产品征收的费用相当；

③ 选样测试不应给外国供应商带来不便。

（2）鼓励进口成员接受出口成员本身的技术确认书

由于管理当局要求产品符合其标准，因此，如果成员满意地认为出口成员所实行的产品标准和验证符合标准的程序与他们自己的一致，协议就鼓励他们接受出口成员中具备资格的评定机构所进行的测试及评定结果。不过，协议强调，只有在进口成员相信出口成员评定机构的技术能力时，才有可能相互承认确认证书（第六条）。

4. 统一国内规则

在许多成员中，实施强制性标准的技术规定以及评定符合标准的系统不仅通过中央政府机构，而且也通过地方政府及非政府机构来指定和实施。协议施加给成员一项有约束力的义务，要求其中央政府机构在指定实施强制性标准时遵守协议的纪律。不过，有的成员宪法不允许作为协议签字成员的中央政府代表其地方政府接受协议义务的约束，协议呼吁这些政府尽可能采取合格的措施保证这些地方政府遵守协议的纪律（第七条）。

5. 规则“自愿标准”

如前所述，产业界出口商所适用的标准中有许多是自愿标准。这些标准通常由这些成员的标准化机构来制定。如各成员的自愿标准差距太大，就可能给国际贸易带来麻烦。协议还包括“良好行为守则”，要求成员的标准化机构在制订、通过和实施标准时应遵守该协议的规定。该协议要求成员的标准化机构遵循与规定强制性标准相类似的原则和规则。因此，该协议要求这些机构承诺以下条件：

① 以国际标准作为其国家标准的基础；

② 在资源允许的限度内，全面参与产品国际标准的制定。

为使外国生产商了解不同成员有关机构正在进行的标准化工作的情况，协议进一步要求这些机构至少每六个月公布一次他们的工作计划，提供正在制定的标准和过去采用的标准信息。在公布时，协议也要求这些机构向 ISO/IEC 的信息中心通知其出版物的名称和获取出版物的渠道。

该协议还要求标准化机构至少留出 60 天时间供有关的其他成员提出意见。这些意见通常通过各成员的标准化机构递交。该协议呼吁标准化机构在最终定稿时考虑这些意见。

三、国际标准化组织

国际标准化组织（ISO）的前身是国家标准化协会国际联合会和联合国标准协调委员会。1946 年 10 月，25 个国家标准化机构的代表在伦敦召开大会，决定成立新的国际标准化机构，定名为 ISO。大会起草了 ISO 的第一个章程和议事规则，并认可通过了该章程草案。1947 年 2 月 23 日，国际标准化组织正式成立。

国际标准化组织是一个全球性的非政府组织，是国际标准化领域中一个十分重要的组织。许多人会注意到，“ISO”与国际标准化组织全称“International Organization for Standardization”的缩写并不相同，为什么不是“IOS”呢？其实，“ISO”并不是其全称首字母的缩写，而是一个词，它来源于希腊语 isos，意为“相等”，现在有一系列用它作前缀的词，诸如“isometric”（意为“尺寸相等”）“isonomy”（意为“法律平等”）。从“相等”到“标准”，内涵上的联系使“ISO”成为组织的名称。

ISO 是一个国际标准化组织，其成员由来自世界上 100 多个国家的国家标准化团体组成，代表中国参加 ISO 的国家机构是中国国家技术监督局（China State Bureau of Technical Supervision，CSBTS）。ISO 与国际电工委员会（International Electrotechnical Commission，IEC）

有密切的联系，中国参加 IEC 的国家机构也是国家质量监督检验检疫总局。ISO 和 IEC 作为一个整体担负着制订全球协商一致的国际标准的任务，ISO 和 IEC 都是非政府机构，它们制订的标准实质上是自愿性的，这就意味着这些标准必须是优秀的标准，它们会给工业和服务业带来收益，所以他们自觉使用这些标准。ISO 和 IEC 不是联合国机构，但它们与联合国的许多专门机构保持技术联络关系。ISO 和 IEC 有约 1 000 个专业技术委员会和分委员会，各会员国以国家为单位参加这些技术委员会和分委员会的活动。ISO 和 IEC 还有约 3 000 个工作组，ISO、IEC 每年制订和修订 1 000 个国际标准。

标准的内容涉及广泛，从基础的紧固件、轴承各种原材料到半成品和成品，其技术领域涉及信息技术、交通运输、农业、保健和环境等。每个工作机构都有自己的工作计划，该计划列出需要制订的标准项目（试验方法、术语、规格、性能要求等）。

ISO 的主要功能是为人们制订国际标准达成一致意见提供一种机制。其主要机构及运作规则都在一本名为 ISO/IEC 技术工作导则的文件中予以规定，其技术结构在 ISO 是有 800 个技术委员会和分委员会，它们各有一个主席和一个秘书处，秘书处是由各成员国分别担任，承担秘书国工作的成员团体有 30 个，各秘书处与位于日内瓦的 ISO 中央秘书处保持直接联系。

通过这些工作机构，ISO 已经发布了 1 7000 多个国际标准，如 ISO 公制螺纹、ISO 的 A4 纸张尺寸、ISO 的集装箱系列（世界上 95% 的海运集装箱都符合 ISO 标准）、ISO 的胶片速度代码、ISO 的开放系统互联（OS2）系列（广泛用于信息技术领域）和有名的 ISO 9000 质量管理系列标准。

此外，ISO 还与 450 个国际和区域的组织在标准方面有联络关系，特别与国际电信联盟（International Telecommunication Union，ITU）有密切联系。在 ISO/IEC 系统之外的国际标准机构共有 28 个。每个机构都在某一领域制订一些国际标准，通常它们在联合国控制之下。一个典型的例子就是 WHO。ISO/IEC 制订的 85% 的国际标准，剩下的 15% 由这 28 个其他国际标准机构制订。

ISO 在 2005 年 11 月成立了纳米技术委员会（ISO/TC 229），ISO/TC 229 的成立，推动了纳米技术的发展。ISO/TC 229 的具体任务是：致力于纳米材料标准发展，包括术语和命名、测量和品质鉴定以及基于科学的健康、安全和环境等问题的标准化等，项目最终的成果将转化为 ISO 标准、技术规范（ISO/TS）和技术报告（ISO/TR）。近年来，纳米技术在消费产品中的应用日益增多，而多种人造纳米材料的某些健康和环境危害已经得到公认，非政府组织和政府组织都呼吁对于在消费品（特别是对食品和化妆品）中建立强制性的纳米材料标签。

为了让消费者了解纳米材料的存在，ISO 于 2013 年 12 月 16 日发布了纳米标签技术性规范《纳米技术 – 含人造纳米物体消费产品的自愿标签标示导则》（ISO/TS 13830:2013），对含人造纳米物体消费产品自愿标签的内容进行指导。

在这个技术规范中描述了人造纳米物体的鉴别和描述、使用指南、应急和急救程序、获得信息的其他途径、标签格式等内容。标签标示导则指出：有关消费产品中人造纳米物体的任何自愿标注的说明（即标签）应当准确、有事实依据和并不会造成误导；标签上关于人造纳米物体的说明不应表明其对消费产品不存在的改良作用，也不应夸大人造纳米物体对产品的贡献。ISO 发布的这个技术规范，适用于含人造纳米物体消费产品的自愿标签内容的指导，不适用于在生产过程中含有天然纳米成分和意外生产过程携带纳米成分的消费产品。虽然该技术规范并非特别针对食品和化妆品而制定，但对于各国根据自身纳米技术进展情况制定适合自己国情的有关食品和化妆品方面的监管法规非常具有参考价值。

第三章　国外农产品标签标识法规及标准

第一节　美国农产品标签标识法规及标准

一、原产地标签法规

美国农业部分别于2008年7月29日和2009年1月15日正式发布强制性《原产国标签条例（试用）》和《原产国标签条例》（Country of Origin Labelling，以下简称COOL法案）。COOL法案规定了肉类、易腐农产品等必须强制性加贴原产国标签。美国方面声称立法意图是为了保护消费者的知情权。

2009年2月20日美国农业部部长Vilsack发出致行业代表的信，提出《原产国标签条例》（最终）的实施在为消费者提供食品来源的附加信息和帮助食品生产商区分他们的产品方面至关重要。该法规的实施引起了加拿大、墨西哥等相关产品出口国的强烈反对，认为美国上述原产国标签制度属于贸易壁垒，违反了WTO规则，并上诉至WTO争端解决机构。2011年11月和2012年6月，WTO争端解决机构分别作出初步与最终裁决，认为美国的原产国标签制度是技术法规，有违WTO规则，并要求于2013年5月23日前作出与美国多边义务一致的修改。2012年5月23日，美国农业部发布一份最终规则，修订分割肉类商品的标签规定以符合WTO的规定，但要求在标签中标注牲畜出生、生长和屠宰所在地的信息。虽然这份最终规则并未得到加拿大、墨西哥等相关国家的最终认可，但上述原产国标签制度依然在实施中。

1. 发展历史

美国是世界上最早对原产地标记实施管理的国家，也是管理最健全的国家。美国早在1807年就颁布了《判定货物原产地的法律规范》。其《海关法》《消费者法》《商标法》等法规对进口商品原产地标记均有相关规定。进入21世纪，美国几乎每年都颁布特定产品的原产地标签规定。2002年5月13日，美国颁布了《2002年农业安全与农村投资案》，要求农业部在2002年9月30日之前对肉类、水果和蔬菜、鱼类和花生等自愿性原产地标签提供指导。农业市场服务局于2002年10月11日，颁布了关于在牛肉、羊肉、猪肉、鱼肉、易腐烂农产品和花生上自愿加贴产品原产地标签的准则；于2003年10月30日，公布了原产地标签措施的拟议条例；于2004年10月5日，公布了关于鱼类和贝类的暂行最终条例。2008年5月22日，美国发布《2008年食品、消费品和能源法案》，对《2002年农业安全与农村投资案》进行修订，原产地标签加贴的产品新增了山羊肉、鸡肉（整鸡或鸡块）、人参、美国山核桃及澳洲坚果等。在COOL法案出台前，美国联邦肉类检查法案及其修正案和其他法案对部分进口农产品和肉类等的原产地标签的规定均属自愿加贴或通过生产者的生产记录或证明书和宣誓书来证明产地。据称，COOL法案的出台是为了明确并降低《2008年食品、消费品和能源法案》对《2002年农业安全与农村投资案》所做的修改给相关方造成的负担，同时解决了2008年农场法案的相关规定与2004年10月5日颁布的鱼类和贝类最终试用规则不相适应的问题。

2. 主要内容

美国农业部于2008年7月29日发布强制性《原产国标签条例（试用）》，对《2008年食品、消费品和能源法案》涉及的产品做了更清楚的定义，并将涵盖产品调整为：切割的牛肉（包括小牛肉）、羔羊肉、鸡肉、山羊肉和猪肉；牛肉糜、羔羊肉糜、鸡肉糜和猪肉糜；易腐农产品；澳洲坚果、美国山核桃、人参和花生。对出生、饲养、屠宰都在美国的动物，进口后不立即屠宰的动物以及对进口后立即屠宰的动物等制成的肉制品的原产国标签做了详细规定。

2009年1月15日，美国农业部发布了强制性《原产国标签条例》（最终）。该法规涉及的须实施强制性加贴原产国标签规定的农产品包含牛（包括小牛）、羊（山羊）、鸡和猪肉；牛、羊、鸡和猪肉糜；野生及人工养殖的鱼和贝类；易腐烂农产品（新鲜和速冻果蔬）；澳洲坚果、美国山核桃、人参和花生。与《原产国标签条例（试用）》相比，增加了“预贴标签”的定义，要求在商品上或者在运载该商品集装箱的明显位置加贴商品原产国、生产方式信息以及制造商、包装商或分销商的名称和地址。《原产国标签条例》（最终）废除了《原产国标签条例（试用）》中允许在美国原产的商品经国外加工或处理之后仍属于美国原产这一规定。有关条款还规定了对外国产品、多个来源国肉类产品、碎肉产品和混合产品进行标签的要求。《原产国标签条例（试用）》及《原产国标签条例》（最终）都规定了供货商和零售商提供原产地和生产方法的有效信息及保存记录的责任，他们的不诚信、故意违法行为将被处以罚金。

对来自多个国家的产品和加工产品，在美国农业部长Vilsack致行业代表的信中表示可自愿加施标志，并允许肉馅产品保留生产国的标签60天。

3. 影响与启示

美国立法者声称 COOL 法案的立法意图是为了保护消费者的知情权，但 COOL 法案的原产国标签要求建立起一整套的原产地追踪体系，动物的出生—饲养—运输—屠宰—销售—贮藏—混装—批发—零售等所有环节均要追踪原产地。随着贸易量的增大，工作量和复杂程度无法估算，进口商、加工商和零售商不得不简化手续，必将分割进口牲畜和肉制品产业链，倾向于使用本国产品。2009 年，美国 COOL 法案实施当年，中国对美出口鱼类 156.5 亿美元，同比下降 8.1%；蔬菜水果等 78.47 亿美元，同比下降 28.5%；出口其他农产品 47 亿美元，同比下降 8.1%。美国是中国的第三大农产品出口市场，我们不得不直面 COOL 法案以及其他国家原产国标签制度对我国出口企业造成的贸易阻碍，也要直面由此带来的对“中国制造”产品声誉的影响，进而对相关贸易国家的原产国标签制度做客观深入的分析，以便更好地应对和利用。

二、食用农产品营养标签

美国食用农产品营养标签是由美国食品药品监督局（Food and Drug Administration，FDA）于 20 世纪 70 年代开始施行，它的发起，部分是出于对美国民众营养缺乏的担忧。通常而言，营养标签的标注是一个自愿的项目，但在食物中添加营养物质或做出营养声明的情况下，营养标签则是强制性的。20 世纪 80 年代，关于饮食和健康的新科学发现被报道得越来越多，消费者对于将饮食作为一种改善健康的方式颇感兴趣，同时，消费者和制造商都对出现在食用农产品标签上的信息的可信度以及其可能混淆或误导消费者表示担忧。出于对这些问题的担忧，美国国会于 1990 年通过了《营养标签与教育法》（Nutrition Lablelling and Education Act，NLEA），并修订了 1938 年的《联邦食品药品和化妆品法》。NLEA 指示 FDA 制定规定，要求在包装食品的标签上标明某些营养成分的含量。它还规定，该机构将创建一个框架，允许制造商自愿使用真实和不误导的营养成分声明和健康声明的食品标签。这样一来，NLEA 就赋予了 FDA 保护消费者免接受误导性营养声明的权力。在某种程度上，NLEA 还打算为食品标签上的营养信息建立一个公平的竞争环境，要求这些信息与政府将要制定的新规定相一致。

之后，美国农业部食品安全检验署发布新规定，袋装家禽绞肉或碎肉产品（如火鸡绞肉和碎牛肉等），需要在产品标签上注明其营养成分。同时，其他 40 种整肉或切割肉产品（如鸡胸肉或牛排等），也被要求在包装上注明营养成分，或者由商家向消费者告知营养成分。新规于 2012 年 3 月 1 日起实施。

营养成分需要列出的项目包括产品中所含的卡路里量、脂肪总量和饱和脂肪含量。其中，绞肉或碎肉产品还须列出其中所含瘦肉和脂肪的比例（如 85% 的瘦肉），以方便消费者了解特定产品的瘦肉和脂肪含量。

1. 管理机构

FDA 管理除肉类和禽类以外的在美国境内销售的食品（包括带壳蛋类）、瓶装水和净含量小于 7% 的葡萄酒饮料。美国食品安全检验局（Food Safety and Inspection Service，FSIS）监管肉类、禽类和蛋类产品。FDA 设置了专门的食品标签管理部门，下设营养产品、标签和膳食补充剂办公室（Office of Nutrition Products Labelling and Dietary Supplements，ONPLDS）。该办公室下设 5 个工作组：膳食补充剂计划组、食品标签和标准工作组、营养计划和标签工作组、科学研究和应用技术工作组、婴儿配方粉和医用食品工作组。

（1）美国食品药品监督局

美国食品药品监督管理局（FDA）是联邦政府机构，它是世界上最大的食品与药物管理机构之一。

其职责是确保美国本国生产或进口的食品、化妆品、药物、生物制剂、医疗设备和放射产品等的安全，同时也负责执行公共卫生条件及州际旅行和运输的检查，对诸多产品中可能存在的疾病的控制等。

FDA 隶属于美国健康与人类服务部（Department of Health and Human Services，DHHS）的执行机构，在农产营养标签方面，主要管理除肉类和禽类以外的在美国境内销售的食品（包括带壳蛋类）、瓶装水和酒精含量低于 7% 的葡萄酒饮料的营养标签。FDA 主管：食品、药品（包括兽药）、医疗器械、食品添加剂、化妆品、动物食品及药品、酒精含量低于 7% 的葡萄酒饮料以及电子产品的监督检验；产品在使用或消费过程中产生的离子、非离子辐射影响人类健康和安全项目的测试、检验和出证。根据规定，上述产品必须经过 FDA 检验证明安全后，方可在市场上销售。FDA 有权对生产厂家进行视察，有权对违法者提出起诉。

（2）美国农业部食品安全检验局

美国农业部辖下的美国食品安全检验局（FSIS）负责监管肉类、禽类和蛋类产品的营养标签标识。

（3）美国农业部市场服务局

美国农业部市场服务局（Agricaltural Marketing Service，AMS）主要负责有机农产品及食品的标签标识，包括有机农产品、有机蒸馏酒、有机麦芽饮料以及有机葡萄酒的营养标签。

（4）美国酒类和烟草税收贸易局

美国财政部下属的烟酒税收贸易局（Alcohol and Tobacco Tax and Trade Bureau，TTB）负责向厂家收取酒类、烟类、火器及弹药的产业税，确保这些产品的标签、广告与营销符合法律规范，并以保护消费者与国家税收的方式实施法规管理，督促厂家自觉遵循法规。

2. 法规体系

美国建立了比较完善的食品标签法规体系，包括《食品致敏原标签》和《消费者保护法案》《美国法典》（《合理包装与标签法》《联邦食品药品和化妆品法》《禽类产品检验法》《肉类产品检验法》《蛋类产品检验法》《联邦酒类管理法》）和《联邦法典》（《食品标签》《葡萄酒标签和广告》《蒸馏酒标签和广告》《麦芽酒标签和广告》《酒类标签标示程序》《酒精饮料健康警示声明》）。食用农产品营养标签适用的法规主要有:《联邦食品药品和化妆品法》（Federal Food，Drug and Cosmetic-Act，常缩写为FFDCA、FDCA或FD&C）、《美国联邦法典》（Code of Federal Regulations，CFR）CFR21.101、《营养标签与教育法》（NLEA）、《联邦食用肉检查法》（Federal Meat Inspection Act）、《联邦家禽产品检查法》（Poultry Products Inspection Act）、《联邦蛋产品检查法》（Egg Products Inspection Act）、美国联邦法典CFR的9CFR317，包含食用肉、家禽产品、蛋产品的标签要求。

（1）《联邦食品药品和化妆品法》

美国《联邦食品药品和化妆品法》是美国国会在1938年通过的一系列法案的总称，赋予FDA监督监管食品、药品及化妆品安全的权力。该法案主要是由Royal S. Copeland写成。该法案通过后又历经多次修改。催生该法案的主要原因之一是一种磺胺药物中所使用的溶剂二甘醇导致100多名病人死亡。这部法案诞生后取代了1906年通过的《纯净食品及药品法案》。

（2）《合理包装与标签法》

《合理包装与标签法》（Fair Packaging Labelling Act，FPLA）于1967年制定，由联邦贸易委员会和美国食品药品监督局共同制定。法案规定所有的“消费商品”需要标示净含量、商品等级、营业地点以及该产品的制造商或经销商。该法授权的其他规例，在必要时可以防止消费者被欺骗（或便于消费者以方便值比较），使用“美分”或更低的价格标签，或表征封装尺寸。官方度量衡的国家标准和技术研究所由美国商业部受权促进，在最大范围内统一由州政府和联邦政府管理商品的消费标签。

（3）《营养标签与教育法》（1990）

根据《营养标签与教育法》规定，食品标签上的这种声明是食品制造商自愿选择的。但是立法规定，使用声明的框架以及各种允许声明的适当定义应由 FDA 建立。这样做的目的是为了在食物之间进行有意义的比较，并鼓励食用有可能提高饮食摄入量和降低慢性疾病风险的食物。最重要的是为食品制造商提供一个公平的竞争环境，让他们既使用所谓的营养含量声明（如高或低），也使用专门提及产品降低疾病风险能力的健康声明。

美国要求食品营养标签要标明“1+14”项营养成分的含量及营养素参考值，即能量、脂肪、饱和脂肪、反式脂肪酸、胆固醇、总碳水化合物、糖、膳食纤维、蛋白质、维生素 A、维生素 C、钠、钙和铁。

（4）《膳食补充剂健康与教育法》（1994）

《膳食补充剂健康和教育法》是 1994 年颁布的一项美国联邦法律，其主要对膳食补充剂进行了定义，并规定了安全性和有效性声明。它要求制造商对这些产品的安全性负责，并保护消费者不被误导其预期用途。

《膳食补充剂健康与教育法》将膳食补充剂视为与食品一样受某些法规约束的食品，其促使美国国立卫生研究院成立了膳食补充剂办公室，负责协调研究并向联邦政府报告调查结果。它还成立了一个委员会，负责审查膳食标签补充并提出建议，以提高公众可获得信息的准确性。根据法律，补充剂（包括草药、提取物、维生素和矿物质）制造商必须将消费者报告的任何严重的不良健康影响通知 FDA。FDA 负责在将产品从市场上撤下之前调查这些报告。当膳食补充剂制造商声称产品对健康有益时，必须以《膳食补充剂健康和教育法》为依据。

该法禁止宣称补充剂可以治愈、预防或治疗某种疾病。制造商可以解释维生素或矿物质在人体中的功能，并说明该产品如何支持、维持这种功能。这项法律还改变了关于膳食补充剂标签的规定，根据《膳食补充剂健康和教育法》，标签必须包含生产该产品所用的所有成分的清单。这些成分包括添加到主要成分中的任何添加剂、防腐剂、颜色和香料。如果有证据表明补充剂对某些人群（如孕妇）的健康有不良影响，标签必须对此提出警告。营养补充剂在上市和销售前不需要食品和药物管理局的批准。该机构会收到任何新成分出现的通知，《膳食补充剂健康与教育法》要求制造商在就新产品的健康益处和安全性发表声明时，以信函形式通知政府，这些信函之后成为可供审查的公共文件。

3. 标签要求

《联邦食品药品和化妆品法》是食品安全的基础性法规，第四章对食品标签作出多项规定，新鲜水果和新鲜蔬菜免除本法案的任何标签要求。其余法规对食品营养标签的某些内容做了更详细的规定。《联邦法典》第 21 章第 101 条食品标签部分（CFR21.101）要求食品标签需标注的内容有：食品名称、净含量和沥干物重量规定、配料表、食品过敏原标签、营养标签、声称、名称和地址要求、原产国要求、其他。生鲜农产品（通常指新鲜水果和蔬菜）可获得豁免标注食品过敏原标签；新鲜农产品和海产品可豁免标注营养标签（使用自愿营养标签计划，通过使用如货架标签、标志和海报等适当的手段涵盖此类食品）。

CFR21.101 要求食品标签需标注的内容有：食品名称、净含量和沥干物重量规定、配料表、食品过敏原标签、营养标签、声称、名称和地址要求、原产国要求、其他。生鲜农产品（通常指新鲜水果和蔬菜）可获得豁免标注食品过敏原标签；新鲜农产品和海产品可豁免标注营养标签（使用自愿营养标签计划，通过使用如货架标签、标志和海报等适当的手段涵盖此类食品）。

NLEA 事实小组的一项关键原则是，该小组所列的营养素或食物物质应是对公众健康影响最大的营养素或食物物质，以及消费者执行主要的、既定的膳食建议所需要的营养素或食物物质。

而关键问题是：哪些营养素应该包括在内，以什么顺序，及如何定义。NLEA 通过之前，FDA 已经开始努力更新需要包含在营养标签中的营养素列表。FDA 建议，当共识报告确定一种营养或食品成分对公共健康有特殊意义，定量摄入建议可用时，应当对其进行强制性声明。

由于 NLEA 纳入了大部分机构的基础工作，并明确了营养标签规定，当制定时，应侧重于以下方面：卡路里、来源于总脂肪的热量、脂肪总量、胆固醇、钠、碳水化合物、糖、膳食纤维、总蛋白，以及维生素、矿物质或其他被认为合适的营养素。

以类似的方式，FDA 审查了 NLEA 中确定的所有营养素和食品成分，并最终确定了足以保证公众健康的营养素和食品成分清单。FDA 也考虑了那些没有被指定为强制性的营养物质和食物物质的自愿声明。虽然法规允许在食品标签上附加自愿信息，但 FDA 在其提议规则中要求对此类信息限制的可取性发表评论。评论引发了一种可能性，即营养标签上无限的额外信息可能会迷惑或误导消费者。

营养声明的顺序是一个重要的考虑因素，因为它倾向于优先考虑营养问题。FDA 建议先列出卡路里，然后是脂肪和其他大量营养素，然后是强制性声明的维生素和矿物质（如钙）。

（1）营养素参考摄入量

维生素和矿物质以百分比（而非毫克、克或其他国际单位）的形式被列为美国每日推荐摄入量。这些百分比列表可以帮助消费者快速判断一种食物在大多数人所需的营养素中所占的比例是相对较小还是较大，以免消费者由于对计量单位的认知不足而造成营养素摄入的不足或过量。

营养标签中一致的百分比系统使得标签上几乎所有的营养成分都可以用等效单位来声

明，因此易于比较。等效单位具有唯一的属性，也就是说，列表中的值可以作为另一个值的引用。列表上的低值可能是一个真正的低值，在饮食的背景下，列表上的高值可能是一个真正的高值。因此，最终的法规要求列出参考值的百分比，营养素的 5% 或以下是一个小的量，而 20% 或以上是一个大的量。

美国的每日推荐摄入量是由 FDA 于 1973 年在 NAS 1968 年推荐膳食摄入量（Recommended Daily/Dietary Allowance，RDA）的基础上制定的。他们将 NAS 建立的 26 种年龄和性别分类减少到 4 种，用于销售给婴儿、小于 4 岁的儿童、成人和 4 岁及以上的儿童、孕妇或哺乳期妇女的食品。

从 1993 年到 2002 年，美国国家饮食协会更新了其推荐摄入量，并创造了新的膳食参考摄入量值，其中包括推荐摄入量、估计平均摄入量（Estimated Average Requirement，EAR）以及可耐受的摄入量上限。2002 年，FDA 要求 NAS 成立一个特别的委员会，为 FDA 提供关于如何使用膳食参考摄入量来更新事实面板中使用的营养参考值的科学指导，该报告于 2003 年发布。在更新标签参考值的建议中，NAS 特别委员会承认这背离了过去食品标签参考摄入量的惯例，一般是基于 RDA 的最高值。

EAR 被认为是对真正营养需求分配的最佳估算。该委员会指出，摄入最高的每日 RDA 值，对大多数人来说根本没有必要，而且一般来说，对于青少年男性来说，他们作为一个群体，并不被认为有营养风险。委员会还指出，为了在食品之间进行营养比较，任何参考值都是足够的，而安全阈值的概念（作为原始 RDA 值的一部分）是没有必要的。

（2）营养成分声明与食用分量

食物营养成分声明所依据的食用分量是确保营养标签有用和允许食物之间进行有意义比较的关键因素。食用分量是营养标签不可或缺的一部分，它几乎影响了标签上的所有数据。

1）含量声称

1990 年，NLEA 提出了增加“低脂”和“高钙”等营养成分的声明，因为人们认识到需要建立基于饮食指导的定义，从而可以在整个食品供应中持续使用。其目的是为索赔提供一个系统，使消费者对索赔有信心。该声明要求 FDA 定义与食物营养成分有关的术语，它还列出了一些特定的术语，FDA 要为此提供定义。

2）健康声称

NLEA 要求 FDA 首先考虑 10 种特定联系的健康声明。这些联系（如钠和高血压）应有充分的证据。尽管 FDA 认为，其中一些联系没有达到科学共识的标准，但它也确认了其中 8 种联系有证据支持。在健康声称的最终规则公布之后，FDA 也在其网站上发布了其使用指南。

4. 总结

美国的营养标签制度主要由营养成分表和每日推荐摄取量标签组成。其中营养成分表包含由营养素种类和含量声称两项内容，列取的营养素种类主要包含脂肪、饱和脂肪、反式脂肪酸、胆固醇、总碳水化合物、糖、膳食纤维、蛋白质、维生素 A、维生素 C、钠、钙和铁等类型；含量声称也不常以数字的形式呈现，而是以诸如“低脂”“高钙”的形式对食物中的某些特殊营养素进行标注，以满足消费者对于不同食物营养素的摄取需求。每日推荐摄取量则通常以百分比的形式出现在营养标签中，其中的数字百分比其数字的大小通常可以表征其在食品中所占的分量多少，以便于消费者选择和了解。

美国针对不同食物中的食用分量进行了严格的规定，并且与其他国家的标识方式不同的是，美国食物分量的标识是以份（per serving）为单位而非以克（g）或毫升（mL）为单位。这样标识的优点在于，对于食物分量没有明确认知的消费者也可以方便地选购自己所需要的食物。

美国的食物营养标签体系范围极广，几乎涵盖所有种类的食物，并且在修订过程中有所增添。这种严格的标签体系不仅能够规范食品行业，而且也能够方便消费者选择，是我国目前的营养标签体系所不能达到的。

三、Fact up Front 标签

美国食品杂货制造商协会（Grocery Manufacturers Association，GMA）和食品营销学会（Food Marketing Institute，FMI）于 2011 年联合牵头实施 Fact up Front（FuF）标签。FuF 标签又称营养钥匙（Nutrition Keys）标签，在食品和饮料（除了膳食补充剂、婴儿和小于 4 岁儿童的食品）包装前面显示关键营养信息，并由生产商自愿标示的食品包装正面标识体系（Front-of-Package，FOP）标签。FuF 标签的设计有专门的顾问团队，由烹饪、营养教育、医学、营养科学、运动生理学等不同专业背景的专家组成，为标签教育与实施提供专家咨询和指导。FuF 标签采用特定营养素体系的营养素度量法模型，可展示食品中与健康意义相关的限制性营养成分（饱和脂肪、钠、糖）和推荐性营养成分（蛋白质、膳食纤维、维生素、矿物质）。例如，FuF 标签可在展示能量、饱和脂肪、钠、糖等含量及每日营养素摄入量的百分比（%Daily Value，%DV）的基础上选择展示推荐性营养成分。FuF 标签的显著特点是简化的营养事实标签（Simplify Nutrition Facts Panel）。与中国营养成分表相似，美国的营养事实标签强制显示“1”（能量）+“14”（脂肪提供的能量百分比、脂肪、饱和脂肪、反式脂肪、胆固醇、总碳水化合物、糖、膳食纤维、蛋白质、维生素 A、维生素 C、钠、钙和铁）营养成分的信息。

FuF 标签从营养事实标签中选取所需的营养信息进行标识。此外，FuF 标签沿用营养事实标签的每日营养素摄入量的百分比，仅对饱和脂肪、钠、蛋白质、维生素、矿物质等推荐性营养成分进行标示。但是，FuF 标签的信息解读要求消费者储备相关营养知识，消费者如果缺乏营养知识，则容易被 FuF 标签显示的信息所误导。

目前，美国市场上流行的 FuF 标签类型有水平格式、垂直格式的基本图标与可选图标。基本图标要求展示能量及饱和脂肪、钠、糖含量等信息，可选图标展示蛋白质、膳食纤维、维生素 A、维生素 C、维生素 D、钙、铁、钾等推荐性营养成分的信息。此外，FuF 标签按照 FDA 和美国农业部的营养标签规定确立图标、字体及其大小、背景颜色。食用量可用每杯、每半杯、每包、每瓶、每人 2 汤匙等单位声明，提醒消费者控制食用量。

四、有机食品标签

2002 年 10 月 21 日，由美国农业部制定的全新的有机食品标签在美国各地的超市和食品杂货店等正式亮相，有机食品从此在美国市场上有了统一的“身份证”。凡是有机程度达到或超过 95% 的食品，都可贴上一个印有英文“有机”和“美国农业部”字样的绿色圆形标记。有机程度 70% ~95% 的食品，不能贴专门标记，但可在标签上注明本产品“包含有机成分”食品是否具备贴上有机食品标签的资格，需经美农业部批准的专门机构认证。

美国很早就颁布了相关的法律法规。美国的有机食品要求较严格，在国际上其标准是最全面的，也是最具有权威性的，并独树一帜，构建了可靠科学的原则。

五、转基因农产品标签

美国是全球最大的转基因作物种植国。美国联邦政府监管部门支持在食品包装上标注“转基因”标识，但不做强制要求。

FDA 关于标识转基因食品的讨论，始于 1992 年的《关于源自新植物品系的食品的政策申明》，经由 1993 年的意见收集，到 1999 年的听证会，最终于 2000 年出台了一个指南草案 *Guidance for Industry: Voluntary Labeling Indicating Whether Foods Have or Have Not Been Developed Using Bioengineering*（《行业指南：自愿标识利用或未利用生物开发的食品》）。该指南援引《联邦食品药品和化妆品法》，重申了对待转基因食品和传统食品的“实质等同”的原则（即转基因食品虽然在生产方法上与传统食品有区别，但食品本身却与后者并无本质不同）；并基于这一原则，提出了转基因食品自愿标识的理念——是否标识由厂家自行决定。该指南同时指出，与传统食品一样，标识转基因食品应恪守食品标识的一般规范，即真实性

（提供的信息必须是真实的、经过证实的）和准确性（不要误导。有些信息虽然是真实的，但不完全，会误导消费者）。

总的来说，转基因食品作为一类食品，无需特殊标识。而对于某个转基因食品产品或某个传统食品，则应进行个案分析：该标的要标完全；“可标可不标”的如果要标，就一定不要有误导。

1. 强制标识转基因农产品

对食品强制进行某种标识的前提如下（如果缺乏某种标识，会造成以下情况之一）。

①危害健康或环境（如低热量食品中含有蛋白质，则需要标识，否则会危害健康）。

②误导消费者（如声称食品含有某种营养成分，则必须标明其含量，否则就是误导）。

③某食品与其他食品看似相同，实则不同（营养、口感和功用等），如不加以标识，消费者会误以为二者等同（如低脂人造黄油不能用于油炸，所以要标明）。

对于某种转基因食品，如出现以下情况之一，也必须标识。

①如果与相应的传统食品相比，转基因食品发生了显著改变，原有的名称已不能正确描述该食品，此种情况下，该转基因食品必须改名。

②如果食品或食品组分的使用方法或使用后果存在某种问题，则应在标签中予以说明。

③如果与相应的传统食品相比，转基因食品的营养组分发生了显著改变，则必须标明具体的改变。

④如果消费者仅通过食品名称无法判断转基因食品含有的过敏原是否存在于该食品中，则该食品必须在标签中给予说明。

2. 标识“转基因食品”或“非转基因食品”

该草案提供了一些示例，并对这些示例进行探讨，拟为正确标识提供指导。关于正确标识“转基因食品”，FDA 提供了一些范例。鉴于这种标识使用较少或几乎无人使用，在此暂不列出。由于，强烈要求标识“非转基因”或“不含转基因”的呼声颇高，对此 FDA 表明，目前可能存在诸多误区。

①使用 GMO free 或 GM free 可能不准确，应将 GM（genetically modified，遗传改造）替换为 bioengineering（生物工程）。指南认为：生物工程（即我们通常说的转基因）是遗传改造的子集，许多传统食品是经过遗传改造的，却并未经过生物工程处理；GMO（genetically modified organisms，遗传改造生物）中的 O 全称是 organism，即生物。如这样标识，消费者可能会误以为食品中含有生物（大多数食品并不含生物，酸奶等是例外，它含有乳酸菌）。

②使用 free（不含有）的表述方式可能不准确，即便是传统食品，在处理或运输过程中也可能会有转基因成分的污染。更有甚者，基因漂移所造成的污染也会使传统食品最终被检出转基因成分。所以，如果标识为“不含转基因”或“非转基因”，可能并不准确。如果要应用这两种标识而又兼顾准确性，那么必须设立一个检出阈值的标准，低于此阈值则可称为“free”，但 FDA 并不提供此阈值和相关的检测认证。因此，正确的标识应该强调过程，而不是结果，如“我们的产品没有使用生物技术”等。

③标识非转基因食品时不得隐含歧视转基因食品或表明该产品优于后者的含义。可以使用上述标识（我们的产品没有使用生物技术），但结合上下文后不能有“歧视”的含义。一种食品被标识为“非生物工程（食品）”或“不含有生物工程的成分”，但如果该标识隐含有“标识者优于未标识者”的含义，则可能造成误导（基于“实质等同”原则）。虽然厂家可以说“我这样标并没有暗示或表明产品的优越性，而仅仅是讲述一个事实”，但 FDA 就要检查整个标签，结合上下文来评估厂家是否歧视了转基因食品。

六、农产品地理标识制度

与法国的专门立法保护模式不同，美国对地理标志的保护通过商标法来完成。由于美国是新兴移民国家，农产品地理标志的发展历史较短，且美国的特色农产品较少，因此，对农产品地理标志的保护态度比较消极，选择了社会成本较低的保护方式。

美国对农产品地理标志的保护主要通过商标法，配合反不正当竞争法、消费者保护法、州立法以及联邦行政规章等来实现，以达到《TRIPS 协定》最低保护标准为限。美国农产品地理标志保护分为 3 个阶段：1905 年《商标法》至 1946 年《联邦商标法》的严格限制时期；1946—1993 年的放松限制时期；1993 年至今回复到严格管理时期。美国 1905 年颁布的《商标法》对地理标志进行了严格限制，将“防止地理名称公有财产私有化”作为一项基本原则，这项原则以前只存在于普通法中，且明确规定任何人不得向商标局申请注册含有“地理术语”或“地理名称”的商标，更不能以商标的方式受到保护。而后美国的知识产权保护制度不断完善，其中 1946 年《商标法》对美国地理标志保护的影响最大。规定了“禁止注册欺骗性的商标，禁止将主要是地理描述或虚假的误导性描述的词汇注册为商标”，并在第 43 条（a）条款中规定“如果公民认为其被或可能被在任何商品、服务、商业广告或促销上使用的任何虚假地理原产地名称所损害，任何人均可提起民事诉讼”。1946 年《联邦商标法》不仅放宽了对“地理描述性术语”的限制，拓宽了地理标志的保护范围，还对葡萄酒和烈酒的地理标志作出了专门规定。

美国对地理标志的保护多注重地理标志的"第二含义"，主要是为了区别于其他商品，避免地理标志对消费者造成混淆、误导或欺骗，禁止误导公众或假冒地理标志的不正当竞争或侵权行为，而非为了保护地理标志本身。尤其是在1946年《联邦商标法》中"如果该地理标志的使用准确地说明了商品或其地理原产地，并且此类使用不会对消费者造成混淆、误导或欺骗的后果，则应该允许他人使用"的规定，违背了对地理标志保护的初衷，阻碍了美国地理标志保护的发展。

美国负责地理标志相关工作的主要是美国专利和商标局（United States Patent and Trademark Office，USPTO），且未设置专门的保护地理标志的法律，但对于地理标志的保护却相对完善，其对于地理标志的管理与保护主要是通过商标法来实现的，即《兰哈姆商标法案》（1999年修订），该法第4条规定：集体商标及证明商标包括产地标示申请注册，其注册方法与商标注册相同，并产生同一效果，经注册的集体商标及证明商标与商标受相同保护，但若证明商标的使用令人误认商标所有人或使用人系制造、贩卖、使用该商标之商品或提供商标所标示之服务时，不在此限。因此，水产品地理标志通过被注册为商标而得到保护，亦主要有集体商标和证明商标两种。美国的地理标志主要依据商标法的有关条款来进行保护，但其将地理标志的特征融入商标法当中，也能做到对地理标志较为有效的管理。没有专门的立法在一定程度上还节省了政府的资源，避免专门立法下因商标和地理标志主管部门的不同而导致的矛盾与冲突。此外，美国对地理标志的管理也会参照TRIPS协定，将商标法与之协调，使得对于地理标志的管理更加适应国际标准。

1. 典型的商标法保护模式

美国对地理标志农产品的保护主要采用商标法保护模式，是全球范围内商标法保护模式的典型代表。1946年，美国出台了《商标法》，它是保护地理标志农产品的主要和根本法律依据。该法律对地理标志的集体商标或证明商标进行保护，主管部门为美国专利和商标局（USPTO）。在此法律的指引下，地理标志被作为一种特殊商标，纳入美国现有的商标法体系中。地理标志证明商标的所有人一般为美国政府机构或已经被政府授权的组织部门，主要具有检测和监督商品或服务质量的职能。地理标志集体商标主要由专业合作社、行业协会或其他集体申请与注册的产品商标或服务商标。地理标志商标法保护模式，能够充分利用现有的行政体系与制度安排，可以节省政府和相关纳税人的成本；此外，社会公众对商标体系熟悉，对侵权行为能够达到较好的规避与制止效果。

2. 先进的供应链管理模式

在地理标志农产品保护和开发方面，美国的供应链管理模式也值得其他国家借鉴与参考。为了保证地理标志农产品的质量与顾客价值，美国率先采用供应链管理的模式，对地理标志农产品的种植、生产、加工、分销、物流等进行价值链主导的供应链管理。在整个供应链管理模式主导之下，大型超市与连锁零售成为地理标志农产品分销的主要渠道布局；同时，美国地理标志农产品经营企业通过地理标志农产品的质量管控、国内外市场开拓与布局、革新管理手段等方式，不断塑造核心竞争力，依托美国地理标志农产品现有的产业体系进行可持续发展；此外，美国政府引导经营企业与生产者围绕地理标志农产品的产前、产后进行无缝对接，将各节点企业或组织整合到地理标志农产品核心供应链中，大大降低了地理标志农产品经营风险，提升了生产与市场效益。

七、过敏原标签

2004年美国国会通过《食品过敏原标识和消费者保护法案》（The Food Allergen Labeling and Consumer Protection Act，FALCPA），以立法的形式进一步扩大了食品过敏原的标签范围，明确规定香精、色素和微量添加剂含有的“八大类”过敏原必须在标签上标明，含有“八大类”的蛋白质衍生物的食品配料也正式列入过敏原范畴。FALCPA的实施进一步促进了食品安全，但是，不足之处是该法规没有就食品制造过程中的交叉污染问题提出解决意见也没有规范当前食品标签中泛滥的“可能含有”提法。

八、进口禽肉包装标签

进入美国的禽肉必须来自经美国农业部食品安全检验局（FSIS）认可的国家和厂家。无论哪个国家要想获得禽肉出口到美国的资格，FSIS都要对该国的检验系统进行评估，以保证禽肉的安全、卫生和标签正确。评估工作一般包括两部分，即文件审核和现场检验。文件审核由技术专家对申请国的有关法律、法规和其他书面材料进行评估，重点审核5个关键领域——污染、疾病、加工、残留及守法经营。如果文件审核过关，FSIS将派出一个技术专家组进行实地考察，评估5个关键领域及检验系统的其他方面，包括工厂的设备、设施、实验室、培训项目和工厂的检验工作。如果FSIS判定该国的检验系统和美国的基本等同，该国就可能获得向美国出口禽肉的资格。此外，FSIS还要对进入美国市场的禽肉及其包装标签进行认可。被认可的出口工厂在生产出口产品前，应符合标签标准。标签必须用英文印制，并按照美国产品成分和标签规定标注。一般来说标签应包括以下几个内容：产品名称；原产国及工厂；工厂或批发商名称、地址；以常衡注明净重（磅或盎司）；各种成分保存状态等。产品大包装箱外的标签不必经过许可，但在进口港检验时，FSIS 会检查外包装上的标签，因此，包装箱外正面标签必须有产品名称、原产国、工厂代号、到头码头等内容，并留有一定的位置供美国进口检验盖章用。另外，箱外还须注明特殊的处理状态，如“keep refrigeration”（保持冷藏）或“keep frozen”（保持冷冻），注明出口工厂或进口商的名称地址。此内容必须用英文打印在箱外或以标签形式贴在箱外，不可用手写。

当货物到达美国口岸后，必须在 5 个工作日内向当地海关呈送报关表。根据 FSIS 规定，禽肉及其制品还需有两种票证一起送交海关。一是出口国检验证书。证书应标明出口国、生产厂家、目的港（码头）和数量；证明该产品经过出口国检验机关的宰前宰后检验，并保证产品安全卫生、无掺假、标志正确、符合美国规定。二是进口检验申请报告表。这些单证经过海关审核后，即送动植物健康检验机构（Animal and Plant Health Inspection Service，APHIS），审查其是否违反美国动植物健康限制规定。当资料表明都符合海关和 APHIS 的规定后，单证就送达执行进口口岸 FSIS 进口检验所，检验申请表的内容将输入 FSIS 中央计算机系统，即自动进口信息系统（Automated Import Information System，AIIS），确定该国、该厂、该产品是否具有出口禽肉或肉制品到美国的资格。根据该国、该厂某种产品的质量历史，AIIS 提出该批产品的检验方案，并输入最后的检验结果，建立该国该厂的检验质量档案。

AIIS 指示的检验包括：用于零售的包装和净重检验；包装容器的检验；产品缺陷的检验；罐头的保温检验；标签检验；添加剂、产品成分、微生物污染、各种残留及肉种鉴别的实验检验等。通过检验的产品，在每箱的外包装标签上打上“官方验讫”印章，进入美国国内市场。当货物不符合美国规定时，在包装箱外打上“禁止进入美国”印章，货物须在 45 天内出口、销毁或经 PDA 批准转为动物食品。需要注意的是，FSIS 还要定期对获得出口资格的国家的检验系统进行跟踪检查，检查的频度根据出口国的生产及产品质量而定。一般对新获准的出口国每 3 个月检查一次；如果其工厂生产、设备、检验情况较好，出口的禽肉质量符合标准，第二年每 6 个月检查一次，以确保真正的安全卫生。

为保护美国畜禽业的健康发展，APHIS 严格限制有动物疫情的国家或地区的动物及其相关产品进入美国。如有口蹄疫存在的国家就禁止对美出口冷却肉和冻肉等，以尽可能地防范疫病，杜绝疫情传入，保护人畜健康。

第二节　加拿大农产品标签标识法规及标准

加拿大对于食品标签的规范主要在《食品药品法案》《食品药品条例》《消费者包装和标签法案》《消费者包装和标签条例》中进行规定。2016 年 12 月 14 日，加拿大发布了《食品药品条例》修正案，对食品标签的过敏原标示、营养标签等内容进行了修改，并给予了 5 年的过渡期，2021 年 12 月 14 日后所有在加拿大生产或出口加拿大的预包装食品必须符合加拿大《食品药品条例》中对食品标签的新要求。

加拿大法规中对食品标签需要强制性标示和自愿性标示的内容都进行了详细规定，本节主要对标签中需要强制性标示的内容及要求进行解读。

一、过敏原标识

加拿大在 2008 年启动庞大的过敏原调查计划，探讨民众中有多少人对花生、坚果、鱼类、甲壳类及芝麻等过敏原有严重过敏反应。调查结果于 2009 年初出台，被列为优先过敏原的与 CAC 规定的相同，要求在标签中标明。

加拿大《2003 食品标签和广告指南》和《修改食品和药品条例（加强食品致敏原、麸质和添加的亚硫酸盐标签指南）》中规定，含有过敏原、麸质来源的食品必须采取下列方式之一进行标识，而含亚硫酸盐的食品必须两种方式同时标识：在配料表中列明致敏物质具体名称；在配料表附近以带有标题的声明方式进行标识。仅对故意将过敏原、麸质来源、含亚硫酸盐加至食品的 3 种情况进行规定，而对于无意引入过敏原物质的情况，如交叉污染，未做规定。生产厂商可以自愿按照《2003 食品标签和广告指南》使用多种方式告知消费者食品中可能存在致敏物质。

下列情形可以免于在食品标签上标出过敏原：来源于蛋、鱼或者乳且用于制造波本威士忌酒或酒精饮料的澄清剂；用于预包装新鲜果蔬的蜡涂屋层剂；未列出配料表的预包装食品，包括除坚果混合物预包装产品外的零售食品，餐馆、其他商业机构、自动售卖机、流动小卖部提供的食品，零售的烧烤、烘烤或者焙烤过的肉类及肉类副食品（包括禽肉）。

二、食品标签强制标识

加拿大法规中对食品标签需要强制性标示和自愿性标示的内容都进行了详细规定，本节主要对标签中需要强制性标示的内容及要求进行解读。

1. 产品名称

加拿大要求在食品标签的主要展示面标示产品的通用名称，这个通用名称主要是指以下几种。

①在加拿大《食品药品条例》中粗体印刷的食品类别名称。条例中规定了超过300种食品，这些食品通常被称为“标准化食品”。

②加拿大其他法规中规定的食品名称，这些名称在条例中并不是标准化食品。

③通常被熟知的产品名称，而且这些名称不能误导消费者。名称在食品标签的主版面上需要使用法语和英语双语标示，最小字体（以小写字母“o”来计算）高度为1.6mm。

2. 配料表及过敏原

食品的配料表必须以粗体“Ingredients”开头，配料名称必须使用通用名称，且按在食品中的重量比例递减排列。对于指定的一些配料可以排列在配料表的末尾且不按照递减顺序，如香料、增味剂、维生素、矿物质、食品添加剂等。

加拿大法规要求配料表的字体高度至少需要1.1mm，对于配料表字体的颜色及背景色也进行了细化规定：除规定以外，不得使用粗体、斜体或下划线；配料表中的配料首字母需要大写，其余为小写；配料表必须使用单一颜色，如黑色；如果配料表相邻区域为其他颜色时应当将配料表与其余部分明显区分开，如使用对比背景色等。

（1）复合配料的标示

加拿大对于复合配料的标示要求和中国食品安全国家标准《预包装食品标签通则》（GB7718—2014）的规定基本一致，可以在复合配料后采用括号的方式按递减顺序列明其具体成分，也可以将括号内的成分直接拆分出来标示在配料表中。对于部分复合配料可豁免标示其具体的组成成分，例如，牛油、淀粉或变性淀粉、总量小于5%的果酱、乳清粉等，但如果这些配料含有过敏原或麸质，那么仍然需要进行标示。

（2）过敏原及麸质的标示

加拿大法规中规定需要标示的过敏原包括坚果（如杏仁、腰果、山核桃、松子、开心果等）、花生、芝麻籽、小麦、蛋、牛奶、大豆、甲壳类动物、贝类、鱼类、芥菜籽，以及含量超过10mg/kg的亚硫酸盐。麸质来源包括大麦、燕麦、黑麦、小黑麦、小麦及任何谷物蛋白部分。加拿大要求食品必须在标签上声明食品的过敏原和麸质，并具备与配料表相同的易读性，具体可采用两种方式进行标示。

第一种，在配料表清单中声明。例如，配料表：巧克力片（牛奶）、液体蛋白（鸡蛋）。

第二种，紧接着配料表，使用粗体“包含……”的方式声明过敏原和麸质。这种情况下，过敏原和麸质的标示必须与配料表具有相同的易读性。

3. 净含量

净含量的标示必须使用英语和法语双语，且采用国际单位：g、kg、L、mL（部分食品按照贸易惯例，可以使用数量来计数，如 12 个甜甜圈），但企业可以自愿标示加拿大的计量单位或美国的计量单位，前提是需要首先标明国际单位。净含量需要以粗体显示，同时最小字体高度为 1.6mm，对于大尺寸的标签展示面，字体高度还需要提高。

4. 日期、贮存条件

加拿大要求必须使用“此日期前最佳”来进行日期的标示并使用英语和法语双语显示。如果产品的贮存条件与正常室温不同，则需要在标签上进行清晰地标示，例如“保持冷藏”，且贮存条件不得标示在包装的底部。

日期的标示顺序为年月日，其中：日期如需要延续到下一年的必须标示年份，否则可以只用标示月日。其中，年份至少标示后两位数字；月份使用加拿大规定的符号表示，JA 为一月，FE 为二月，MR 为三月，AL 为四月，MA 为五月，JN 为六月，JL 为七月，AU 为八月，SE 为九月，OC 为十月，NO 为十一月，DE 为十二月；日期采用数字来表示。

5. 营养成分表

加拿大《食品药品条例》规定预包装食品的标签应当带有营养成分表，其样式也是使用了世界较为通行的矩形框模式，并要求使用英语和法语双语显示，且需要显示在一个连续的表面上。

加拿大法规中对营养成分表的字体大小、字体的样式、字符颜色（需要使用白色或黑色等单一颜色显示）、背景色（使用白色或中性色）等都进行了详细的规定，不允许随意进行更改、加粗、变斜体等。为了便于企业能更规范地进行营养标签的设计，加拿大官方还设计了相应的营养成分表的模板，可接受企业订购，由企业直接在模板上补充相应的数据信息后标示在标签上。加拿大营养成分表的构成主要有以下几个部分。

①方框表。方框表中每行文字的字体大小、间隔线的粗细在加拿大法规中都进行了详细的规定。

②标题：Nutirtion Facts。

③分量：食品的分量。加拿大法规中对每类食品的分量提供了一个参考值，企业在进行分量的标示时，应当接近法规规定的参考值。

④每份食品的热量值：Calories × × ×。

⑤需要强制标示的营养素（12 种）及其含量[①]。其中 12 种营养素具体包括：脂肪、饱和脂肪、反式脂肪、碳水化合物、纤维素、糖、蛋白质、胆固醇、钠、钾、钙和铁。加拿大食品检验署（Canadian Food Inspection Agency，CFIA）建议采用美国分析化学家协会（Association of Official Analytical Chemists，AOAC）规定的检测方法进行各营养素的检测，并保证标示的正确性。

⑥脚注。

6. 原产国、制造商或经销商信息

对于在加拿大出售的所有进口预包装食品，在标签上必须标示进口商或制造商的相关信息，字体高度不得低于 1.6mm。具体可以采用标明国外制造商的名称、地址，或者标明“进口”并标注加拿大经销商的名称、地址等方式来体现。对于标示的文字，加拿大并不强调必须使用英语和法语双语标示，但“进口”的字样必须使用双语标示。

三、营养标签

1. 管理机构

加拿大卫生部和 CFIA 共同承担食品标签的责任。加拿大卫生部负责管理在加拿大销售的食品的健康、安全和营养质量相关的法规和标准，包括食品中营养素的标签要求（营养成分表）、营养素声明、食物过敏原的存在以及与安全相关的有效期。CFIA 管理与虚假陈述、标签、广告和身份标准相关的非健康和安全食品标签法规。

2. 标准

加拿大食品标签法规主要有：《食品药品法案》和《食品药品条例》适用于各类贸易的所有食品；《消费者包装和标签法案》适用零售贸易销售的预包装产品；《加拿大安全食品法》将加强《加拿大农产品法案》《鱼类检验法》《肉类检验法》和《消费者包装和标签法案（食品条款）》。食品标签的基本要求如下：大多数预包装食品、运输集装箱运输食品需有标签；在零售店烧烤、烤制的肉类、家禽及副产品、马肉及副产品、面粉等需要始终携带标签；采用透明包装或小于半英寸宽带子捆扎的新鲜水果或新鲜蔬菜可使用标签豁免。

3. 营养标签要求

营养标签的法规主要从 3 个部分进行规定：《食品药品条例》中规定了 5 类表述降低患

---

① 加拿大《食品药品条例》中对每类营养素的每日所需量（daily value，DV）进行了规定，用于计算每类营养素的 %DV 值。

病风险的表述即营养声称；《食品药品条例》中合并规定了47项营养成分的表述；对营养标签的可用性、内容和格式的要求进行了规定。大部分预包装食品必须提供营养标签，但有部分食品是有条件豁免，例如，新鲜蔬菜或水果或组合（不冻结、干燥或添加成分）和原料，单一成分肉类、家禽、鱼类和副产品（碎肉和家禽除外）。

第三节　日本农产品标签标识法规及标准

一、食品标签信息

日本对食品标签的要求非常严格。根据规定，在日本市场上销售的各类蔬菜、水果、肉类、水产类等食品，必须加贴标签，其中应提供产品名称、产地、生产日期、保质期等多方面的信息。一般来讲，食品标签应包含如下信息。

1. 消费指导信息

在日本市场上，鱼类等水产品和蔬菜等生鲜食品必须标明产地和品牌等信息。其中鱼类等水产品的信息提供，根据日本农林水产省“水产品内容提示指导方针”的规定，应在上市过程中加贴标签。除商品种类和产地外，消费者一般还关心该产品是否属于养殖品、天然品、解冻品等具体细节，其中进口产品要求标明原产国名和具体产地名。对蔬菜等生鲜食品的要求是，进口产品必须标明产品名称、原产国等内容。尽管日本官方尚未要求所有进口蔬菜标注上述内容，但目前的市场发展趋势是各蔬菜商店对所有进口蔬菜都主动注明上述内容，以此来招徕顾客。实践证明，在进口蔬菜上标注上述内容，和销售量大有关系。

2. 安全保障信息

追求消费安全是日本食品消费的大趋势。对从中国进口的食品，日本市场最关心的是添加剂的使用。根据规定，新鲜食品和加工食品均须标注使用的添加剂。对于有外包装的加工食品，使用的添加剂无论是天然的或合成的，均须详细注明。日本要求对鸡蛋、牛奶、小麦、荞麦、花生等食品须注明所含的过敏性物质，即使对加工工艺中使用过、成品前已消失的过敏性物质也须注明。另外，日本消费者对肉食产品安全信息的提供也极为重视，特别要求在进口的肉食产品上提供产地、有无污染、保质期、安全处理等信息。

3. 营养含量信息

在日本，除要求食品标签能提供其食品的营养成分含量外，还要求其注明是否属于天然食品、有机食品、转基因食品等。对果汁成分等标注要清楚，如使用浓缩果汁加水再还原而成的果汁，要注明“浓缩还原”的字样；直接用果汁加工而成的饮料，则注上“纯果汁”字样；加入糖分的果汁则注明“加糖”字样。对橘汁、苹果汁、柠檬汁、柚子汁、葡萄汁和菠萝汁等8种果汁饮料，禁止使用“天然果汁”的字样，并要求上述饮料必须在外包装上标明“浓缩还原”和“直接饮用”字样。据预测，今后消费者对各类食品的维生素含量、热量等信息也将越来越重视。

4. 原产地信息

根据规定，日本市场上销售的新鲜食品和加工食品，均须标识原产国名。酸梅、腌菜、烧烤鳗鱼、袋装冷冻蔬菜和蔬菜罐头等产品，包装上均须注明其原料的原产地。对进口畜产品进行屠宰加工后再出口的，在屠宰加工国停留一定时间后，方可认定屠宰国为原产地，停留时间规定为牛3个月、猪2个月，其他家畜1个月。水产品方面，鱼群活动经由的国家为原产地，但金枪鱼等活动海域较大的鱼类，可不标识国家，但须标识捕获水域名称。

二、相关法规及标准

日本的农林水产省负责监管农户和农业生产、质量安全管理，消费和流通管理；保证国内供应和促进出口，包括制定使用标准、植物检疫，以及进口加热禽肉的管理、许可、企业注册和进口指导等。厚生劳动省负责食品安全标准的制定，包括农兽药残留标准，负责进口食品的监管和检验检疫。消费者厅负责食品标识、标签标准的制定，并负责制定食品政策。厚生劳动省负责对进口食品的监管及实施监控检查。农林水产省侧重于对国内农产品的监管和监督检查。

日本加强对农产品质量管理的历史较长，可以追溯至1948年制定《食品卫生法》。与农产品质量控制有关的法律至少有10余部，法规至少有30多部。除《食品卫生法》外，1950年，日本制定了旨在规范农产品规格标准、质量标识、标签标识及原材料标识的《农林物资的规格化及正确的品质标识法》（JAS法）。JAS法共有103项标准，包括农产品品质标准、生产方法标准（有机农产品）、品质标识标准、农产品中200种农药的8 300多项残留限量标准（MRL）。

（一）特别栽培农产品认证标准和制度

日本特别栽培农产品是作物栽培过程中以减农药和减化肥为主要特征的环境保全型农产品，与常规农业相比，减少了农业面源污染，改善了生态环境，保护了不可再生资源，提高了农产品的安全性，是可持续发展农业的一种生产方式；与有机农业相比，在保护生态环境的基础上，增加了农作物产量，提高了作物栽培的可操作性，并有较好的经济收益，让农户更容易接受；与欧美的可持续发展农业相比，其建立了完整的认证标准和认证制度，为其在法律的框架下，保证公平、公正、公开、有序的竞争奠定了基础。

1. 定义

日本特别栽培农产品是日本官方确立的环境保全型农业生产方式之一，它是指在生产过程将化学农药、化学肥料减至常规农业习惯水平的 50% 以下栽培的农产品。其中，化学农药的使用次数是该地区相同作物期相同作物常规施用次数的一半以下；使用的化学肥料中氮素含量是该地区相同作物期相同作物常规施用氮素含量的一半以下。

为提高特别栽培农产品在消费者心中的公信力，作为特别栽培农产品减量基础的常规农业习惯水平的确定，是由日本各地方政府或地方公共团体规定及确认并将其公开，是特别栽培农产品化学农药和化学肥料减量比例的参照标准。以日本为销售目标国、在其他国家或地区生产的特别栽培农产品，常规农业习惯水平的确定由本国与日本相当的地方政府的机构或公共团体规定。

日本特别栽培农产品包括蔬菜、果树，以及谷物、豆类、茶等用干燥方式处理的产品，但不包括加工食品、野生采集植物和食用菌等。

2. 特别栽培农产品发展概况

日本政府在 1992 年公布的《新食物、农业、农村政策的方向》中首次提出环境保全型农业。环境保全型农业包括有机农业、特别栽培农产品、SEQ（Safety，Environment，and Quality；安全、环境和质量）农产品等。并在 1999 年 7 月修改并颁布了《食物、农业、农村基本法》（简称新农业基本法），进一步强调要大力发展环境保全型农业。新农业基本法指出，为维持和促进农业的自然循环机能，要有效地利用家畜的排泄物来增进地力和减少化肥农药的使用。

在日本，特别栽培农产品在环境保全型农业生产方式中占有着重要的地位，2000 年日本的农林业普查表明，开展环境保全型农业的农户为 50 万，占农户总数的 21.5%。其中，有 14.5% 的农户所使用的农药次数减少到常规农业经营方式的一半以下，有 13.4% 的农户所用的化学肥料中的氮素含量减少到常规农业生产方式的一半以下，还分别有 1.1% 和 1.4% 的农户未使用农药和化肥。从栽培的作物来看，最多的是水稻，占开展环境保全型农业的农户总数的 44.4%，其次是蔬菜和果树，比例分别为 23.9% 和 11.9%。此外，据日本农林水产省 2001 年的调查，实行环境保全型农业的耕地面积为整个作物播种面积的 16.1%。截至 2003 年

11 月，日本申请有机农作物标志的农户只有 4 474 户，占实行环境保全型农业的农户的比例不到 1%。在东京都 2004 年特别栽培农产品申请者为 32 个（包括个人、研究所、协会等），遍 21 个市区，产品品种 30 多种，种植面积达 23.06hm^2，产品达 476.2t。

特别栽培农产品的产量及其收益也是相当可观的。例如，2004 年所公布的日本农林水产省对全国环境保全型农业的经营收支状况的调查结果（水稻）显示，特别栽培农产品的价格是常规农产品价格的 1.38 倍，净收益是常规农产品的 1.64 倍。2007 年 4—6 月日本主要都市蔬菜价格调查中显示，特别栽培农产品价格平均是常规农产品价格的 1.48 倍。

3. 认证标准及制度

日本特别栽培农产品标准体系主要由两个部分组成：日本农林水产省《特别栽培农产品标识指导方针》（适用于全日本范围内的，以下简称指导方针）和特别栽培农产品地方标准。其标准也是日本国内除了有机认证标准外，能够处理进口农产品的非常规农产品的认证标准。

指导方针是日本农林水产省于 1992 年 10 月制定的，目的是为了激发生产水平上的农产品的安全性和稳定性。2003 年日本政府又对指导方针进行了修订，将先前比较含糊的定义，如“无农药栽培农产品”“无化学肥料栽培农产品”“减农药栽培农产品”“减化学肥料栽培农产品”，统一规定为“特别栽培农产品”。

修订后的指导方针阐明了所参考的常规水平的化学农药和化学肥料的施用量，指定这些常规的施用量由各级地方政府确定，从而使特别栽培农产品的分类更加客观。指导方针指示地方政府把此地区的常规农业的化学农药和化学肥料的施用量公开，并及时进行更新。指导方针主要是针对特别栽培农产品的标识作出的基本规定，一般不作为特别栽培农产品的认证标准。特别栽培农产品地方认证标准和认证制度是特别栽培农产品进行认证的依据。由于地理位置以及气候条件的差异，不同地方所施用的化学农药的次数和化学肥料的量不同，为了适应各地农业生产的不同情况，日本各地方政府都制定了各自的地方认证标准和认证制度，共同构成了特别栽培农产品认证标准和认证制度，因而导致各地特别栽培农产品的标志也不相同。

（1）特别栽培农产品标识指导方针

在指导方针中，主要阐述了特别栽培的生产原则并规定了标识的方法。

①生产原则。化学农药使用次数和化肥的使用量减至常规农业使用的一半以下；注重土壤自然机能，施用不含有化学合成物质的有机肥料和土壤改良剂；减轻对环境的负担。

②标识方法。特别栽培农产品的标识主要可以分为：农产品的标识、米的标识、简单标识以及表示牌。具体的标识内容和方法如下。

A. 农产品的标识。标识内容包括农产品的名称，以及栽培负责人和核实负责人的名称、地址及联系电话。若在生产的过程中没有使用农药和化学肥料，应注明栽培期间未使用农药和化学肥料。否则，则在标识中注明使用化学农药的次数相对于该地区常规农业化学农药使用次数的削减比例（生物农药注明其名称、用途），注明化学肥料使用的氮素含量相对于该地区常规农业氮素含量的削减比例。使用的农药必须标注农药的名称、用途以及使用次数；化学肥料则必须标注化学肥料的名称、用途以及氮素的含量。若化学农药和化学肥料使用情况不明时，则不能使用特别栽培农产品的标识。栽培负责人负责管理并为相关生产者提供指导，以使生产和运输程序符合指导方针的要求；核实负责人必须证明是依照方针制定的栽培计划进行生产，栽培或核实负责人可以是一个人或一个适合的实体。

B. 米的标识。米牵涉加工工艺，故米的标识除标识内容外，还要注明米加工和核实负责人的名称、地址及联系电话。

C. 简单标识。当农产品的包装较小时，可以只注明特别栽培农产品的名称、栽培或核实负责人的名称；但是一般要注明产品的查询途径，以便消费者通过此途径获知产品的所有信息。

D. 表示牌。表示牌是设立在农产品的生产地块上，标明该地块是生产特别栽培农产品的，并标明地块编号、面积、特别栽培生产的起始日期，以及栽培和确认责任者的姓名、住址及联系电话。

③出口产品标识。出口日本的特别栽培农产品的标识与日本国内产品的标识要求相同，其化学农药和化学肥料的减量比例参照出口地的常规农业习惯施用水平（由与日本地方政府相当级别的机构或公共团体规定）。

（2）特别栽培农产品地方认证标准

是特别栽培农产品认证的依据。在地方标准中，由日本地方政府或当地公共团体规定具体的常规农业化学农药和化学肥料的参考用量，是进行特别栽培农产品认证的核心部分。

（3）日本特别栽培农产品认证制度

认证要纲是地方特别栽培农产品认证制度的指南，包括：认证机构的认可、义务和注销，认证申请程序、有效期和获证产品的表示，农场标示牌设置要求，生产基准，关于认证制度的运营协议等。

实施要领是在认证要纲的基础上，就认证机构的资格所作的具体规定，包括特别栽培农产品认证机构的认可、认证内容的变更、认证机构的废止、认证报告要求等，并附有关规定的文字报告的附件。

表示规程是地方特别栽培农产品认证标志管理办法。表示规程根据指导方针的要求，规定了本地方认证标志的图标、表示方法和表示例。表示例包括基本表示例、略式表示例和利用网址表示例 3 种规范的表示方式。认证标志必须包括农产品认证标准所属的地方名、图案和认证机关的名称，不同地方认证标志完全不同。

特别栽培农产品的认证机构一般由地方政府机构或地方民众团体担任，如全国农业协同组合联合会福岛农业技术推广中心、和歌山县农业协同组合联合会（和歌山特别栽培农产品推进协议会事务局）、NOP 法人日本有机农业生产团体中央会、福岛县环境检查中心有限公司等。其认证流程如下。

①申请。生产者向认证机构提交认证申请书，并同时提交栽培计划和地块申请认证之前的管理记录。

②文审。认证机构对生产者所提交的文件进行审查，审查合格后派检查员去农场进行检查。

③检查。现场检查与判定，由认证机构的检查员进行文书审查和现场检查，认证委员依据审查报告书，决定是否给予认证资格。

④认证。被认证后，由登记认证机构发给“证书”，产品可贴特别栽培农产品的标签进行销售。

⑤监督。获得认证的生产者要随时接受认证机构的监督检查，并保存产品的品质鉴定记录等。其中，地域认证委员会的职责是对栽培管理的审查，对特别栽培农产品进行现场检查、颁发证书，对生产者的监督；而县认证制度运营委员会职责则是监查认证制度并对认证制度的运营方式进行修改。

（二）质量标签标准及监管制度

1. 生鲜食品标识

2000 年公布实施的《生鲜食品质量标签标准》适用于销售给普通消费者的所有生鲜食品。生鲜食品必须标识的项目为“名称”（其内容的一般名称）和“原产地”（表 1）。

水产品除了标识“名称”“原产地”外，根据《水产品质量标签标准》的规定，解冻食品必须标识“解冻”，养殖产品必须标识“养殖”。这些项目必须标识在消费者容易见到的地方。

糙米和精米则根据《糙米和精米质量标签标准》的规定，在容器或包装容易见到的地方标识“名称”“原料糙米”“内含量”“精米（年月日）”“销售者”。

生产生鲜食品（包括采摘和捕捉）时，如果就地直接销售给消费者，或者在设置了设备的现场让消费者饮食的，不必标识“名称”和“原产地”。

表 1　生鲜食品标识内容

品种	本国产品	进口产品
农产品	可标识都道府县名、市町村名及为人所熟知的地名	可标识原产国名、为人所熟知的地名
畜产品	可标识都道府县名、市町村名及为人所熟知的地名	原产国名
水产品	可标识水域名或地域名，无法标识水域名时，可标识卸货港或所属的都道府县名。也可同时标识水域名、卸货港及所属的都道府县名	可标识原产国名及水域名

资料来源：冯怀宇 . 日本质量标签标准及监管体制 [J]. 世界标准化与质量管理，2003（6）：33-35.

2. 加工食品标识

（1）加工食品标识

2000 年 3 月 31 日发布、2001 年 4 月 1 日实施的《加工食品质量标签标准》适用于销售给普通消费者的加工食品。加工食品必须在容器或包装上容易见到的地方标识 6 个项目（表 2）。

但是，生产加工饮料食品直接销售给消费者，或者在设置了设备的现场让消费者饮食的，此类加工食品不必标识名称、原材料名称等。

此外，根据不同场合，可省略标识项目。例如：原材料只有一种（除了罐头和肉食制品）时，可省略“原材料名称”；没有常温保存以外的特别保存注意事项时，可省略“保存方法”。

表 2　加工食品标识内容及方法

标识项目	标识方法
名称	标识其内容的一般名称
原材料名称	食品添加剂以外的原材料名称按其重量占全部原材料重量的比例顺序进行标识。 食品添加剂根据《食品卫生法实施规则》的规定，按所占原材料的重量的比例顺序进行标识
内含量	标识重量、体积、内装数量
保质期	标识消费期限或保质期。 质量容易发生快速变化、生产后必须迅速消费的加工食品，标识“消费期限”；其他加工食品标识“保质期”
保存方法	根据食品饮料的特性，标识“避免阳光直射、常温保存”“10℃以下保存”等
生产者	标识生产者的姓名或生产厂家的名称、地址。如果标识者为销售方时，“生产者”改为“销售者”；如果是加工、包装者时，“生产者”改为“加工者”

资料来源：冯怀宇 . 日本质量标签标准及监管体制 [J]. 世界标准化与质量管理，2003（6）：33-35.

（2）加工食品原材料原产地标识

近年来，日本加工食品原材料进口增加，消费者要求补充原材料原产地标识的呼声越来越高。对此，日本对农产品酱菜等品种实施了原材料原产地的标识制度（表 3）

表 3 加工食品原材料原产地标识

品种	实施日期
咸梅、酸荞头	2001 年 10 月 1 日
农产品酱菜（除咸梅、酸荞头外）	2002 年 4 月 1 日
水产加工品（盐浸青花鱼、干竹荚鱼、干青花鱼、烤鳝鱼片、盐浸裙带菜、干裙带菜）	2002 年 2 月 1 日
干制鲣鱼片	2002 年 6 月 1 日

资料来源：冯怀宇．日本质量标签标准及监管体制 [J]. 世界标准化与质量管理，2003（6）：33-35.

（三）腌制农产品质量标签标准

根据世界贸易组织 2005 年 6 月 23 日发出的 TBT 通报，日本即将出台新的《腌制农产品质量标签标准》（以下简称《腌制标签标准》），对原有标准进行了修订。修订后的《腌制标签标准》对有些技术的要求与国际标准不尽相同。这将给我国的食品企业带来一定的影响，因此有必要对《腌制标签标准》加以关注。

1.《腌制标签标准》的修订内容

近年来，日本市场上经盐腌并加红辣椒粉等制作的农产品（俗称“朝鲜泡菜”）的消费量持续增长，日本需要制定国内市场朝鲜泡菜的标签办法。修订后标准主要对产品进行了定义，提出了标示方法要求，包括产品名称、配料名称、配料原产国、净含量的标示方法。

（1）定义

朝鲜泡菜指以下列方式制作的产品：主要以中国大白菜经过盐腌、清水洗净、晾干并除去多余水分后制成；加红辣椒粉、大蒜、生姜、葱类（使用两种以上的大蒜、生姜及葱）制作。

（2）标示方法

生产商等应按《腌制标签标准》进行标签标示。产品名称、配料名称及净含量应按以下方法标示。

①产品名称。产品名称应标示为“朝鲜泡菜”，或者如以中国大白菜制作，应标示“中国大白菜朝鲜泡菜”；如以中国大白菜以外的蔬菜制作，应标示“蔬菜朝鲜泡菜”，并可在“朝鲜泡菜”前加上其主要成分的最常用名称。

②配料名称。

A. 除食品添加剂以外的配料名称。

除食品添加剂以外的配料应按产品中所含重量以从大到小的顺序标示。配料应用最常用的名称标示，产品中所有配料的名称均应进行标示。但是，如所用配料超过 5 种，可以前 4 种及“其他配料”的形式进行标示。

B. 食品添加剂。

食品添加剂应根据《食品卫生法实施细则》（厚生省 1948 年颁布的第 23 号法令）第 21–1–1–e、21–1–2、21–11 及 21–12 条款的规定，按产品中所含重量以从大到小的顺序标示。

③配料原产国。配料原产国应按配料在产品中的含量以从大到小的顺序标示。国产产品应标示为“国产”。

④净含量。朝鲜泡菜等的净含量不包括调味料的重量，以 kg 或 g 标示。

2.《腌制标签标准》修订的问题

标准的修订对泡菜的定义并未阐述低温发酵环节，而泡菜在生产、加工、运输过程中实际包含这一环节。根据 TBT 协定第 2.4 条：“如需制定技术法规，而有关国际标准已经存在或即将拟就，则各成员应使用这些国际标准或其中的相关部分作为其技术法规的基础……”，日本应按国际标准（CODEX STAN 1）对泡菜进行定义。

该标准在修订时的定义中，对泡菜配料的种类限定了固定的范围，对范围以外的其他品种，如萝卜等未列出。日本不应该对泡菜配料的种类进行限定。如果日本坚持限定配料范围，应该提供合理的技术依据，并将配料种类充分地列出。

标准的修订概要中添加了标示配料原产国的规定，而国际通行标准中并无此项要求。国际标准（CODEX STAN 1）中规定：“净含量的标示代表在包装时的数量”，而本通报的修订中规定：“泡菜等的净含量不包括调味料的重量”，这与国际标准中的相关要求不一致。

针对以上问题，我国已正式向日本提交对该标准的评议意见，结合国际标准现状，陈述了我国业内人士的关注，提请日本有关机构考虑并做必要的修改。

3. 企业应对措施

据日本有关部门提供的最新信息，修订后的《腌制标签标准》将在 2005 年 10 月中旬以后公布，2005 年 11 月中旬以后正式实施。实施后有一年时间作为标准的符合期，以便企业调整适应新标准。在标准符合期内，满足原有标准要求的产品仍可以进入日本市场。在符合期内，我国企业可以进行一系列的准备。

①源头控制。包括两个方面：一是要建立适当的蔬菜基地，对基地农药的使用进行有效控制；二是对原料、辅料（包括产品的内包装）的相关卫生指标进行控制，并建立合格供应商名单，来确保原辅料的质量。

②加工过程控制。主要控制异物和微生物。异物的控制包括控制金属和有毒化合物的混入，企业配备金属探测器，健全有毒物品的领用、配制、检测和记录制度。微生物的控制主要是加工设备的清洁计划，加工用水的控制，人员、工作服、车间（包括更衣室）控制，并有相应的记录。

③企业实验室的自检自控。就是对源头控制和加工过程控制的效果以及成品重要的卫生指标进行检测。因此，泡菜加工企业均配备农药残留速测仪、微生物检测实验室，并正常开展工作。对添加剂和成品的农药残留检测多委托其他实验室进行。按照新的《腌制标签标准》的要求，调整产品的标志、标签。

（四）JAS 标签

JAS 制度基于 JAS 法，这一自愿性的制度旨在促进食品和农产品的生产和品质改善、交易公正化以及使用消费的合理化。JAS 制度的研制，一般由农林水产大臣指定需制定标准的物资目录，经由食品、农业、检验、经营、管理等多领域专家组成的日本农林规格调查会的论证，再由农林水产省下属食料产业局食品制造课基准认证室进行制定，制定过程中向各类行业协会和注册的认证机构广泛征求意见。

根据 1997 年 7 月《日本农业标准》（JAS 标准）修正案要求，对于农产品领域的蔬菜、水果、谷物、水产品、肉类产品以及各种加工食品加注标签标志的规定比较宽松，不是强制性的，标签上要求标注食品名称、食品原产国、成分、成分含量、生产商、保质期、保存方法等。

JAS 法的中品质标识标准制度，相当于品质质量认证，是一种非强制性措施。即生产商可以选择它的产品是否接受选定。但品质标识标准制度是所有业者必须履行的义务，是强制性标准。故日本的生鲜食品需要强制标注名称、原产地等信息。生鲜食品包括农产品、麦类、米类、杂谷类、豆类、蔬菜、水果、其他农产品（糖料作物、魔芋、香辛料）、畜产品、水产品、海藻。

1. JAS 标志

JAS 标志的实施团体是 JAS 注册认证机构和经认可的制造商，其主管部门是农林水产省。

JAS 标志根据 JAS 法由日本农业标准调查会组织制定，农林水产大臣批准发布。一项 JAS 标准包括质量和标签两部分内容，质量部分是自愿性的，但标签部分是强制性的。经农林水产省注册认可的认证机日本对食品标识也十分严格，除了设计了“有机”字样和有机 JAS 标志以外，还颁布了相关的法律法规。

1992 年，日本农林水产省制订了《有机农产品蔬菜、水果特别表示准则》和《有机农产品生产管理要点》，并于 1992 年将以自然农业、有机农业为主的农业生产方式列入保护环境型农业政策。2001 年 4 月 1 日，日本正式实施《有机食品法》，基本内容包括农场的生产要求、加工厂的生产要求、包装的生产要求、进口商的要求，此外还规定有机种植必须采用有机方式种植的种子。只有符合 JAS 法规要求的产品，才允许使用 JAS 标志。

2. 有机 JAS 标志

有机 JAS 标志的实施团体是 JAS 注册认证机构及经认可的制造商主管部门农林水产省。带有该标志的有机农产品是指避免使用化学合成的肥料及农药在播种或插秧前 2 年以上（多年生作物则是 3 年以上）由堆肥培植的土壤中生产出来的农产品。所谓有机农产品加工品是指原料为有机农产品，在制造或加工的过程中本着保持原有产品特性，不使用化学合成的食品添加剂而制成的加工食品。有机农产品及其加工食品，除食盐及水外，其他成分的重量比必须在 5% 以下。

1992 年农林水产省曾制定《关于有机农产品及特别栽培农产品标识的指南》。该指南实施初始，有机食品标识使用混乱。因此在 1999 年的 JAS 法修正案中，增加了制定有机农产品及其加工食品的 JAS 标准条款，设置了有机 JAS 标志制度，规定符合有机 JAS 标准的产品可以标注有机 JAS 标志。同时还规定了标志标注方法，不允许标注“有机栽培西红柿”“有机纳豆”“有机红茶”等商品名称，不允许标注“有机低农药栽培”“有机少农药栽培”等广告宣传用语。在日本有机 JAS 标志是有机农产品及其加工食品的唯一标志。是生产企业的自我声明。

出口日本的有机食品必须遵守有机 JAS 标志管理规定。没有有机 JAS 标志的不能以有机食品的方式销售出口。日本的有机食品取得有机 JAS 标志的方法有 2 种：出口制造商生产商或分装商经在日本农林水产省注册认可的认证机构认证后可以对其产品加贴有机 JAS 标志；出口国认证制度与日本有机 JAS 标志制度相当的、产品获得出口国家颁发的有机食品证书时可取得有机 JAS 标志。

3. 特定 JAS 标志

特定 JAS 标志的实施团体是注册认证机构或经认可的制造商，其主管部门是农林水产省粮食厅。根据 1993 年 6 月 JAS 法修正案，制定特定农产品的 JAS 新标准时，除了质量、性能、成分、使用原料、含量等以前标准常用的指标项目外，还增加了特定农产品的生产技术或者特殊原料使用方法的指标项目。这类有生产技术规程和方法的 JAS 标准称为特定 JAS 标准。制造商的产品符合特定 JAS 标准并获得农林水产省注册认可的认证机构认证后，即可标注特定 JAS 标志。至 2004 年 1 月，日本农林水产省已经对 7 类产品制定了 12 个特定 JAS 标准，包括风味火腿、土鸡肉、有机农产品、有机农产品加工食品等。咨询方是农林水产省及其食品标识对策室、独立行政法人农林水产消费技术中心、日本农林规格协会。

（五）特别用途食品标志

特别用途食品标志的实施团体是厚生劳动省主管部门。所谓特别用途食品，是指为高血压患者、肾病患者、婴幼儿和孕产妇、老年人等食用的具有特殊用途且得到厚生劳动大臣许可的食品。生产特别用途食品的企业向保健所提出申请，经厚生劳动省许可后可标注特别用途食品标志。主要是依据《营养改善法》进行，其认证产品有：病患者食用、产妇、育奶产妇食用的奶粉；幼儿用配制奶粉；老年人用食品。咨询方是厚生劳动省医药局食品保健部计划科。

（六）E 标志

E 标志的实施团体是都、道、府、县，其主管部门是农林水产省。E 标志代表有地方特色的食品质量标识。由日本都、道、府、县组织实施的“地区食品制造法认证业”的认证标准。

能够得到 E 标志认证产品是用特别的制造方法、特别的栽培方法、特别的原料制造出来的食品。咨询方是农林水产省品质科食品标准班。

（七）JHFA 标志

JHFA 标志的实施团体是（财）日本健康营养食品协会，其主管部门是厚生劳动省。经（财）日本健康营养协会的审查合格后，由制造商标注，属于自愿标准。咨询方是（财）日本健康营养协会。

（八）米的认证标志

米的认证标志的实施团体是（财）日本谷物检定协会，其主管部门是农林水产省粮食厅。经（财）日本谷物检定协会确认计划流通米的标签内容［产地、品种、生产年份、使用比例、净重、脱壳时间（年月日）、销售商名称或加工厂名称及联系方法］与实物一致后，制造商可标注的标志。其法律依据是粮食厅精米标签标准。能够得到认证的产品是计划流通米。咨询方为（财）日本谷物检定协会。

（九）糕团标志

糕团标志的实施团体是全国糕团业生产合作社，主管部门是农林水产省粮食厅。其主要依据是有关年糕的质量标识的规章和有关表示标志的规章，能够认证的产品是由日产水稻糯米制造的年糕。咨询方为全国糕团业生产合作社。

（十）精米标签验证标志

精米标签验证标志的实施团体是（财）日本谷物检定协会，主管部门是农林水产省粮食厅。标志通常标注在袋装米上。袋装精米的销售者向都、道、府、县有关部门申报，接受检验。标签内容与实物验证相符的，由袋装精米的销售者标注标志，以使消费者放心选购。该标签的法律依据是农林水产省事务次官通告《收购者和销售者的业务经营标准》，以及粮食厅长官通告《粮食销售者的业务经营标准的应用》。

（十一）饮用奶的公平标志

饮用奶的公平标志实施团体为全国饮用奶公平交易协议会，主管部门是公平交易委员会。标志标注在饮用奶上。根据《有关饮用奶的标识名称的公平竞争章程》，全国饮用奶公平交易协议会管理其会员生产的饮用奶，认可饮用奶标识标注正确。该章程要求企业必须正确标注饮用奶的种类、名称、主要成分含量的百分率，加工奶的主要原料名称，以及乳饮料的主要成分名称、添加剂（仅限于乳饮料）、杀菌温度及生产时间、加工厂或制造场所的名称及地址保存方法等。其法律依据是有关饮用奶的标识名称的公平竞争章程及其实施规则认证产品章程定义的牛奶、特殊牛奶、部分脱脂奶、脱脂奶、加工奶及乳饮料。咨询方为全国饮用奶公平交易协议会。

（十二）蜂蜜的公平标志

蜂蜜的公平标志实施团体是全国蜂蜜公平交易协议会，主管部门为公平交易委员会。标志标注在蜂蜜类产品上。《有关蜂蜜类的标识的公平竞争章程》规定了蜂蜜类产品的定义与成分，以及必须标注的事项不可标注的内容。同时该章程还规定标签标注正确、实物质量符合标签内容的，方可使用该标志。使用标志的目的是帮助消费者选购蜂蜜类产品。标签必须注明的项目有：产品名称、口服量、维生素，添加了花粉的名称与添加的量，制造的年月日，制造商与地址等（若为进口的则需标注进口的年月日及原产国）。经过去色除臭等工艺的制品，如含有 20% 以上的添加成分则必须标出“去色除臭”字样。协议会抽查市场中销售的产品，必要时还到制造厂进行现场调查，以促进制造商正确使用标识。其法律依据是有关蜂蜜的标识的公平竞争章程。认证产品为蜂蜜和加糖蜂蜜。咨询方为全国蜂蜜公平交易协议会。

（十三）盒装蛋标志

盒装蛋标志实施团体为中央鸡蛋规格交易协议会，主管部门是农林水产省。根据农林水产省的鸡蛋规格交易纲要的规定，盒装鸡蛋的说明书应当注明鸡蛋的种类、重量的划分、供方姓名与住址、计量责任人的姓名。符合的可在盒装鸡蛋上标注标志。法律依据是鸡蛋的交易规章。认证产品为 10 个或者 6 个装的盒装鸡蛋。咨询方是中央鸡蛋规格交易协议会。

（十四）JPA 标志

JPA 标志实施团体是日本糕点粉协会，其主管部门为农林水产省粮食厅。所谓的糕点粉是指加入适量的混合糖、油脂、奶粉、蛋粉、膨松剂、食盐、香料等添加剂后，经过简单的烹调就可以制作成糕饼、面包等食品的调制面粉。日本糕点粉协会制定了家庭用糕点粉表示的标准，规定糕点粉标签应当包括名称、原材料名称、容量制造年月日及食用期限、保存方法、制造商或是销售商地址、烹调方法注意事项等。同时还规定糕点粉类实物质量符合标签内容方可使用该标志。标志仅限于糕点粉类上使用是加入日本糕点粉协会的制造商对本公司的产品自行检查、自我声明。法律依据是家庭用糕点粉表示的标准（自愿标准），对象种类为家庭用糕点粉类，咨询方是日本糕点粉协会。

（十五）特定保健食品标志

特定保健食品标志实施团体是得到厚生省特定保健食品许可的经营者，其主管部门是厚生劳动省。特定保健食品是指对食用者具有特定保健作用的食品。根据《营养改善法》第 12 条第 1 款，从 1999 年 9 月 1 日开始必须得到厚生大臣的许可生产的食品。特定保健食品标志是一种许可标志，证明许可的特定保健食品有助于增进保持健康，但不是诊断、治疗、预防疾病的药品。其法律依据是《营养改善法》，至 2003 年 2 月有 332 类商品被许可。咨询方是厚生劳动省医药局食品保健部计划科。

日本对保健产品也是既有强制性标签要求，又有自愿性标签要求。有关强制性标签要求如下所述。

①如果所销售的保健食品有包装或容器，则根据《食品卫生法》、JAS 法、《计量法》，必须在标签上列出产品名称、组成成分、食品添加剂、净重、有效期、存储方法、原产国、进口商名称和地址等内容。

②《食品卫生法》对 24 种含有过敏原的食品要求贴附含有过敏原食品的标签。其中对含有小麦、荞麦、鸡蛋、牛奶、花生等 5 种过敏原的食品要求贴附强制性标签。

③《食品卫生法》和 JAS 法规定，对于由转基因技术生产的大豆（包括青豆和豆芽）、玉米、

土豆、油菜籽、棉籽及由它们加工制成的食品为主要成分的保健产品，必须贴附转基因标识。

④根据法律，为了促进分类回收，对特殊容器和包装要求具有识别包装材质的标签。如纸制或塑料包装材料。除强制性标签外，对保健食品还有一些自愿性标签要求。

⑤根据《有机食品法》，对有机农产品和加工过的有机农产品制定了特殊的 JAS 标准，只有符合此标准的产品才允许在其标签上带有“有机”字样和标识有机 JAS 标志。

⑥根据基于《促进健康法》的营养标签标准，对保健食品的营养成分有标签要求。

⑦声明有保健作用的食品的标签要求。如对指定作为声明有保健作用的产品必须贴附具有营养功能声明食品和特定保健用食品等标签。

⑧特殊用途食品标签。如病人用食品和老年人用食品等。

⑨自愿性工业标签。对于满足日本保健食品和营养食品协会制定的安全、卫生和标识内容标准的食品可以贴附许可的标签，即 JHFA 标签。

（十六）转基因食品标识

《转基因食品质量标签标准》于 2000 年 3 月 31 日公布，2001 年 4 月 1 日实施。为了给消费者选择商品时提供信息，该标准规定对厚生劳动省确定的安全性转基因食品必须予以标识。农产品以及以其为原材料的加工食品（如果加工后还残留重组的 DNA 及由此产生的蛋白质）是标识的对象。根据新的转基因食品的商品化状况及新的检验方法，每年还要对必须标识的品种进行重新审查。2002 年就追加了土豆加工品，并定于 2003 年 1 月开始实施。此外，对厚生劳动省确认的安全性高油酸大豆及其加工品，2001 年 3 月公布了必须标识“高油酸转基因”的质量标签标准，并于 2002 年 1 月 1 日实施。2001 年 4 月 1 日，日本农林水产省正式颁布实施《转基因食品标识法》。其主要内容如下。

1. 适用范围及定义

适用于对农产品和加工食品的管理。《转基因食品标识法》管理的农产品和相关术语的定义如下。

指定农产品：包括大豆（含毛豆和黄豆芽）、玉米和马铃薯、油菜籽、棉籽，其中有一些作物品种是利用重组 DNA 技术开发的。

重组 DNA 技术：将 DNA 分离，然后使用酶等物质将其重新进行组合，并向具有繁殖能力的受体活细胞导入该重组 DNA 的一种技术方法。

转基因农产品：利用重组 DNA 技术得到的农产品。

非转基因农产品：属于指定农产品，但不是转基因产品。

区别性生产流通管理：一种处理非转基因作物的方法，它通过对从海外农场到日本的生产、销售和加工的每一个阶段进行控制，避免混入转基因作物。同时在农产品分离阶段都必须出具相关证明文件，以保证结论真实。

主要原料：在产品原料构成中比例排前三位，且重量是产品总重量5%以上的原料。

2. 标识方法

《转基因食品标识法》规定了指定农产品及其加工食品的具体标识方法。

（1）“加工食品”的标识方法

以指定农产品为主要原料的加工食品（包括该食品的再加工食品），如果食品中重组DNA或由其编码的蛋白质仍有残留，那么所有的食品生产者、制造商、包装商或进口商（或根据零售商与生产者、制造商和包装商达成的协议，对产品负有标识义务的零售商），除了要对《加工食品质量标识法》第4条所规定的项目进行标识外，还必须在食品标签上注明其主要原料。但食品容器或包装上可用于贴标签的空间小于30cm^2的情况除外。具体标识方法如下。

①如果加工食品是以实行区别性生产流通管理的转基因农产品为主要原料，那么无需考虑《加工食品质量标识法》第3条第6款的规定，而应该在食品原料名称后，注明该食品是转基因食品。

②如果加工食品是以没有实行区别性生产流通管理的指定农产品为主要原料，那么无需考虑《加工食品质量标识法》的第3条第6款的规定，而应该在食品原料名称后，注明食品原料没有实行区别性生产流通管理。

③如果加工食品是实行了区别性生产流通管理的非转基因农产品为主要原料，那么可选择以下任意一种标识方法：

——标识食品主要原料名称；

——按照《加工食品质量标识法》第3条第6款规定，不注明食品原料名称；

——标识食品主要原料名称，并注明该食品是以实行区别性生产流通管理的非转基因产品为原料。

（2）“指定农产品”的标识方法

除了对加工食品贴标签外，还要对指定农产品进行标识。在对指定农产品进行标识时，零售商一方面遵守日本政府颁布的《有机食品质量标识法》第4条，同时还必须遵守以下规定。

①如果指定农产品是实行了区别性生产流通管理的转基因农产品，那么应该在产品名称

后注明该指定农产品是转基因产品。

②如果有机食品不是实行了区别性生产流通管理的指定农产品，那么应该也在有机食品名称后注明。

③如果指定农产品是实行了区别性生产流通管理的非转基因农产品，那么可选择以下任意一种标识方法：

——标识所指定农产品的名称；

——标识所指定农产品的名称，并注明该指定农产品是实行区别性生产流通管理的非转基因产品。

另外，《转基因食品标识法》还规定，有些食品原料在运输过程中实行了区别性生产流通管理，但在加工食品时，如不小心使转基因农产品与非转基因农产品混杂，那么仍应将这些食品看作是已经实行了区别性生产流通管理的食品，遵照上述标识规定。

3. 无需标识的加工食品

《转基因食品标识法》还规定了无需加贴标签的情况。

①所列食品，虽然含有指定农产品，但不是主要原料，那么这部分食品无需加贴标签。

②未列出的加工食品，无需加贴标签。

4. 不得出现在食品标签上的用语

食品生产及零售商在设计食品标签时，应遵守如下规定。

①按照《加工食品质量标识法》和《有机食品质量标识法》的规定，不能出现在加工食品和有机食品包装或容器标签上的用语，也不得出现在指定农产品及其加工食品包装或容器标签上。

②如果食品原料是没有使用重组 DNA 技术的非指定农产品，那么在食品标签上不得使用任何转基因用语。

5. 实施时间和修订原则

第一，《转基因食品标识法》自 2001 年 4 月 1 日发布之日起施行，适用于 2001 年 4 月 1 日以后制造、加工或进口的加工食品，也适用于 2001 年 4 月 1 日以后出售的有机食品。

第二，《转基因食品标识法》每年都要求对指定农产品及其加工食品的种类进行修订，修订时所需考虑的因素有：最新商品化的转基因农产品；分销及用作食品原料的转基因农产品的实际情况；去除和分解重组 DNA 及由其编码的蛋白质的实际情况；由于检测方法的进步而得出的新结论；消费者的观点。此外，还应考虑在有机食品和加工食品的生产、制造、流通及加工过程中，对转基因农产品及以其为原料的加工食品的处理情况和制定国际统一制度的进展情况。尽管日本政府对转基因作物、食品和饲料进行安全评价，但日本公众对转基因产品的安全性仍然心存疑虑。消费者对转基因作物的否定态度已开始影响日本的食品加工业，大多数酿酒商都停止使用转基因产品，豆腐厂等相当一部分生产传统日本食品的公司则标记上“没有使用转基因大豆”。

（十七）农产品地理标志制度

由于日本本国需要保护的农产品地理标志较少，所以日本选择了一种主要依托反不正当竞争法对地理标志进行保护的模式。这种保护模式出于社会公共利益的角度，对侵犯地理标志，如假冒、伪造、混淆、滥用地理标志等行为，利用反不正当竞争法予以制止和保护，其重点在于维护市场秩序，而非保护地理标志及其权利人本身。这种模式下农产品地理标志的特性与原产地名之间的内在联系体现得并不充分，相对于法国专门法的保护模式，这是一种保护强度较低的防御性保护模式。日本开创了反不正当竞争法以及先进的区域品牌管理制度，这些方面值得我国在进行地理标志农产品开发与保护中汲取借鉴。

1. 特色的反不正当竞争法

专门法、商标法、反不正当竞争法保护模式是全球范围内 3 种主流的地理标志农产品保护模式。日本是反不正当竞争法保护模式的典型代表，最先制定了保护地理标志农产品经营的相关法律。2005 年，日本在对《商标法》进行修订的基础上，出台了一系列反不正当竞争法的相关规定。反不正当竞争法侧重于市场秩序的维护，核心在于塑造良性的行业经营环境，最终保护消费者的合法权益，对假冒、仿冒、侵权、制假等行为进行了严格的规范与禁止。日本反不正当竞争法最大的特色是提供了 2 种救济方式，包括赔偿损失、明令禁止，全方位保护了地理标志农产品的正当经营行为。此外，日本政府出台了《反不正当补贴与误导表述法》与《海关关税法：禁止“不正确表述”原产地》等相关法律规定，对保护地理标志农产品增添了 1 种间接通道。

日本对农产品地理标志的保护主要来自其 1934 年的《防止不正当竞争法》，该法第 1 条中列举了 6 种不正当竞争行为，规定“因此而使营业上的利益可能受到损害的人可以请求制止这种行为”，其中第 3 款规定“在商品或其广告上，或者用可以使公众得知的方法在交易的文件或通信上对原产地作出虚假的表示，或者贩卖、推销、输出已经作出这种虚假表示的商品以致使人对原产地错认的行为”包含在内，这是日本《防止不正当竞争法》中对地理标志的保护条文。由于日本反不正当竞争法的出发点仅在于维护市场秩序和消费者权利，所以只对侵犯原产地的行为作出一般性的制止。

2. 高效的区域品牌管理制度

就全球范围来看，日本区域品牌管理制度处于领先地位。截至目前，日本的“神户牛排”“北海道甜瓜”“鹿儿岛黑猪”等在国内外市场上知名度高，市场辨别度清晰明确。日本地理标志农产品的区域品牌既明确农产品的来源地，又凸显了农产品的卓越品质，这离不开日本独具匠心的品牌管理制度。具体而言，日本政府、地理标志农产品产业协议会、日本农业协同组织（农协）发挥了重要作用。日本政府成立了地理标志农产品区域品牌化发展基金，对地理标志农产品的商标注册、产品促销宣传、企业信息化系统与信息化能力给予充足的财政资金支持；日本成立了地理标志农产品产业协议会，主要由区域品牌主体负责人、农协负责人、政府主管人员等构成，旨在进行会员之间的管理实践交流与学术探讨，促进区域品牌持久健康发展；农协是日本地理标志农产品的所有者，对地理标志农产品的生产、加工、销售、分销、物流、储藏、品牌等进行统筹化与一体化的运作，最大限度保证地理标志农产品质量与品牌美誉度。

（十八）食品身份证制度

为了让消费者放心，日本还建立了食品身份证制度。日本农协下属的所有农户，必须记录米面、蔬果、肉制品和乳制品等农产品的生产者、农田所在地、使用的农药和肥料、使用次数、收获和出售日期等信息。农协收集这些信息后，为对应农产品配备一个“身份证”号码，整理成数据库并开设网页供消费者查询。例如，从大米的电子标签上可以了解到大米的产地、生产者，使用何种农药和化肥，农药的使用次数、浓度、使用日期，以及收割和加工日期等具体的生产和流通过程。这种“食品身份证”制度使得可追溯管理变得易于操作。

此外，在日本，法律对违反食品安全法规的行为实施严格的处罚。《食品卫生法》规定，违反这项法律，对主要责任人最高可判处 3 年有期徒刑及 300 万日元罚款，对企业法人最高可处罚 1 亿日元罚款。日本的舆论监督作用也很大，食品企业一旦违反食品安全法律，除了承受行政和司法部门的制裁外，还会遭到社会舆论及消费者的强烈谴责，甚至导致破产。

（十九）质量标识制度

1. 加工食品的标签标准

质量标识标准要求包装容器中的加工食品都要标注食品的名称、配料、含量、最佳食用期、保存方法、制造商名称和地址等。2001 年 4 月 1 日后针对制造、加工或进口食品的标签标准已经执行。

无论产品是否粘贴有 JAS 标志都要求有质量标签。为便于日本的消费者容易辨识选购，进口食品的标签必须用日语表示。标签要求粘贴在容器或包装的醒目地方。

2. 易腐食品的标签标识

易腐食品分农产品、动物产品和水产品三大类产品，各类产品的标签要求各不相同，大致情况如表 4 所示。

表 4 易腐食品的标签要求

名称		原产地	容器或包装的特定产品	其他
农产品	使用通用名称，显示含量	国内产品要标明产地（可用于表示原产地的市、町、村等）；进口产品标明进口国家名	描述含量和销售者的名称和地址	
畜产品		国内产品要标明产地（可用于表示原产地的市、町、村等）；进口产品标明进口国家名		
水产品		国内产品要标明产品生活的水域或地点；进口产品标明进口国名称（生产水域可并行标出）		如果产品为解冻产品要标明“解冻”；如为养殖产品则标明“养殖”

资料来源：孙冠英．日本农业标准化管理制度 [J]. 中国标准化，2004（8）：69-71，74.

需要说明的是日本《食品卫生法》中对食品标签也作出一些规定，其与 JAS 法中要求的食品质量标识标准的要求同等重要，并不矛盾。JAS 法所规定的质量标签要求是为了满足消费者选购商品的需要，而食品卫生法对食品标签的要求则是为了保证消费者食品安全的需要。

3. 转基因食品的标签要求

转基因大豆（包括青豆和豆苗）、玉米、马铃薯、油菜籽和棉籽以及以其为原料的加工食品必须遵照转基因食品的标签要求标注质量标签。转基因农产品及其加工食品的标签管理规定基于 JAS 修正案，始于 2001 年 4 月，对大豆、玉米、马铃薯、油菜籽和棉籽 5 类产品及 30 组以其为原料且能检测出改良的 DNA 或表达的蛋白质的加工食品的标签作出规定，规定的要点如下。

①以转基因产品为原料的加工食品，经加工后依然保留有改良 DNA 或其表达蛋白质的必须在标签上标明“转基因”或“转基因，未分离”字样。

②加工食品或非转基因农产品及其加工食品，由于加工过程中转基因成分除去或降解，

经最新的广泛使用的技术方法检测不含有改良 DNA 及其表达蛋白质的，不必要标示为基因改良产品。然而，商家也可以自愿标示该产品为非转基因产品。

③对于转基因大豆，由于其油酸含量很高，在成分和营养价值上和传统大豆相差显著，则依据 JAS 法，无论其制品中能否测出改良 DNA 和其表达的蛋白质，该商品均应标出“高油酸转基因产品”或“混有高油酸转基因大豆”的字样。

④此外，截至目前没有出现转基因的农产品，如大米和小麦等，不必标明为“非转基因产品”。

（二十）过敏原标签

日本对于食品过敏原的标识起步较早 2001 年修正了《食品卫生法》，要求食品制造商必须在容器和包装上明确标示蛋、牛奶、小麦、荞麦及花生 5 种食物为原料的加工食品和添加物。后来根据开展的为期 1 年的“全国性过敏食物调查”确定了除上述 5 种食物原料需要在标签中明示外，还建议对鲍、乌贼、大马哈鱼、大马哈鱼卵、对虾、橙子、蟹、猕猴桃、牛肉、栗子、鲭鱼、大豆、鸡肉、猪肉、蘑菇、桃子、山药、苹果和骨胶 19 种可能引起过敏反应的食品进行指导性标注。可以看出日本通过切合实际地对本国国民进行调查，其标签指导性标注成分的要求增加到了 24 种，表明其对过敏原标签的要求明显高于其他各国。

第四节　法国农产品标签标识法规及标准

法国政府 1993 年颁布并于 1998 年修订的《消费法》中已经对产品标签进行了严格的规定，涵盖产品生产全过程的每一个环节，包括产品的组分、标签、生产和分销渠道，也包括农产品和食品的标签。

从具体内容来看，法国法律法规上有关食品标签的规定的主要内容有：产品名称、产品计量、成分说明、企业的名称及地址、产品产地、保存和食用方法、保质期。另外，根据规定可以在标签标注“新鲜产品”“天然产品”“古法生产”等，但必须遵循以下 3 个原则：一是不准贬低其他产品；二是不许欺骗消费者；三是有据可依。

作为世界头号农业食品加工产品的出口国，法国拥有传统而不失精细的食品标签监管制度，在维护消费者健康安全方面和维护法国甚至欧盟总体政治经济利益方面有很大贡献。据欧盟官方网站和比利时媒体报道，从目前欧盟的整体来看，食品标签呈现种类繁多、内容模糊、杂乱不清的状况；为了更好地维护消费者的健康安全，通过消费者协会、食品制造商和利益相关各方的广泛协商，欧盟日前提出了关于加强食品标签改革的建议方案，要求欧盟各国进一步明确食品标签内容，以更好地满足消费者获取食品信息的要求。该建议方案要求从 2011 年起，所有食品标签内容必须清晰、恰当、准确、易懂，以每份、每 100mL 或每 100g 食品含量，以及日推荐食用量等形式标明食品的营养价值、盐、糖、脂肪以及饱和脂肪酸的含量，标签字体不得小于 3mm，使消费者能够对所购食品一目了然，做出正确的选择；要求对可能引起变态、过敏反应的食物如牛奶、花生、芥末、鱼类或添加剂等做出说明，以减轻可能产生的健康危害，并对酒类商品标签做出特殊的规定。作为欧盟的农产品生产和加工大国的法国，为了增强其市场竞争力和消费者的健康安全，其食品标签制度势必会受到欧盟有关食品标签制度变迁的牵制，在这些外部环境的挑战和际遇中，法国的食品标签制度将再次完善。

法国十分重视产品认证标识，特别是在农产品方面更加重视，因为它可以使消费者很好地辨识优质产品，并在购买时识别产品的原产地域等。

法国农产品认证标识主要有 3 种：一是"原产地命名控制"（Appellation d'Origine Contrôlée，AOC）使用"地理保护标识"（Indication Géoraphique Protégé，IGP）；二是使用红色标签；三是使用"产品合格证"（Critical Control Point，CCP）。

一、农产品质量识别标志制度

法国建立起了完善的农产品质量识别标志制度，其主要内容是：优质产品，使用优质标签；以特殊方式生产符合生物农业要求的产品，使用生物产品标志，如来自特定产地、具有该地区典型特征的产品，以某产地产品命名。该制度是建立在自愿参与、自觉遵守产品质量承包协议和有第三方监督基础之上的，它强调的是对农产品品质真实情况的证明。

1. 目的

为了使消费者能够鉴别食品等农产品的质量，法国农业部门制定了一套别具特色的质量识别标志。例如：对于优质产品，使用优质标签；对于载入生产加工技术条例和标准的特色产品，使用认定其符合条例和标准的合格证书；对于以特殊方式生产、符合生物农业要求的产品，使用生物产品的标志；对于来自特定产地、具有该地区典型特征的产品，以某产地产品命名；等等。法国政府还为食品行业经济行为人颁布法令和规章制度，以使农产品生产和食品加工企业能够鉴别农产品和加工食品质量，掌握产品质量或品质等级的鉴别方法，从而保证质量。法国的农产品质量识别标志制度，在于阐明农产品的质量标准，使之能够成为农产品生产和加工者自觉遵守的行动。除了依靠政府和有关部门颁布农产品卫生与安全方面的法令和规章制度，以保证农产品质量外，还依赖农产品生产和加工者志愿遵守公共技术文件中规定的农产品生产和加工标准，遵守农产品质量承包协议书，并接受第三方组织机构的定期质量监督控制，由第三方组织机构负责农产品质量检验、认定，才能颁发优质标签、合格证书等农产品质量识别标志。在农产品质量识别标志制度方面，坚持下列原则。

①质量保证是自愿遵守的行动。因为不能强制农场主和食品加工厂厂主提高产品质量或者保证产品品质。

②质量保证的具体内容载入公开的技术文件中。因为遵守质量标准应该是可检验测定的，这些文件对外公开，使产品质量标准尽人皆知、真实可靠，任何第三者都可检验。

③接受外部监督。因为消费者信任产品质量，不是依赖于生产者的承诺。农产品生产与加工者希望从质量识别标志中获益，就应接受质量监督。

2. 发展历程

法国的农产品质量识别标志制度是建立在自愿参加、自觉遵守产品质量承包协议和由第三者监督基础上的。但是，从发展趋势上看，其更趋向于规定农产品质量标准，而不是证明农产品品质真实情况。

法国政府确信标准化的发展有利于界定农产品的质量。因为标准类型能够区分同一类产品的不同品种，判别农产品的质量和优质类别产品，以便建立起标准模式所界定的具有特色的各类农产品市场。法国政府还致力于贯彻执行农产品质量政策，强调健康卫生标准，建立食品数据库以及研究保障人类健康的营养需要和食品消费问题。法国的农产品质量识别标志制度也存在一些问题。例如，欧盟在农产品质量管理上注重产品特性证明、受保护地区产品标志和受保护地区名牌产品等 3 个方面，这些质量认定标志与法国目前的标志并不完全一致。而且欧盟也不打算考虑法国采用的农产品标签制度等。这些都是法国农产品质量识别标志制度中有待解决的问题。

3. 内容

（1）产品标签

产品标签用于证明某种食品、某种非食品类加工农产品或非加工农产品（如种子、草皮等）具有一系列预先规定的专门品质，达到优质水平，以与其他类似产品相区别。产品标签制度始见于 1960 年 8 月 5 日的《农业指导法》，1978 年 1 月 10 日修订的《农业指导法》对有关内容又进行了补充和完善。按照法国的农产品质量承包协议书规定，从生产到加工、销售过程都应达到农产品的质量要求。例如肉食鸡，应规定其来源地、饲料及进食方式、饲养天数及条件等。所有产品标签都由一个管理产品标签与合格证书的机构负责，这个机构由农业部长和负责消费事务的部长共同批准行使产品质量管理职能。

（2）合格证书

合格证书用于证明某种食品、某种非食品类加工农产品或非加工农产品在生产、加工、包装等方面与规定标准一致相符。根据有关法令，产品合格证书只是向消费者证明所销售的产品是与承包协议中规定的特殊品质相一致的。

产品合格证书的实施办法是向农产品生产和加工者提供可以获得合格证书的必要条件。农产品生产和加工者以这些必要条件为参照标准，进行生产、加工，并找一个可以检查执行标准情况的机构进行监督，提供符合规定的必要条件的证明，以获得产品合格证书。产品合格证书针对的是某种完工的产品，而不是所有的生产、加工过程。这与产品标签制度不同。获得产品合格证书并不证明这种产品就必然是优质产品。它证明的不是产品质量本身，而是证明生产、加工这种产品符合必要的条件，遵守了规定的标准。这是与产品标签制度的另一个区别。

产品合格证书要求的农产品的标准类型是由农产品生产、加工企业或企业集团、行业机构和证明机构根据官方有关的标准公告制定的。这类官方标准公告是一种公开出版，以政府公报形式表达的有关产品标准的意见。它告知所有有关各方，在全国标签和证书委员会总部可以查阅到农产品生产加工的参照标准。该委员会可以发表赞同质量证明机构的意见，但不能对参照标准执行的有效性发表意见。只有质量证明机构才能发表意见承认或否决。

（3）生物产品证书

生物产品被认为是很好地进行环境保护而生产的农产品。生物产品用于被加工或未被加工的符合环境保护要求的农产品。生物产品依照有关法令所批准的承包协议书中所规定的要求和方法进行生产。生物产品的命名是根据 1980 年 7 月 4 日的农业指导法创立实施的。生物产品证书可以证明某种农产品是来自遵守有关生物农业规定的农场。

（4）山区来源产品

证书以山区来源产品命名的农产品和加工食品是根据 1985 年 1 月 9 日有关法令创立实施的。这些山区来源产品要有书面证明，如原产地证明、产品标签、合格证书或生物产品证书等，而且，这些产品必须是来自法令所规定的特定地域。1988 年 2 月 26 日的法令批准可以在符合上述条件的农产品和加工食品上注明“山区来源产品”。为了能获得“山区来源产品”证书，特定地域的生产加工者应遵照有关法令规定的条件、要求，按特定的程序和方法进行生产、加工。

（5）产地命名的产品

产地命名在于证明某种产品是某一地区的具有典型特征的产品。产地命名所保证的是这种产品的地区性典型特征，而不是产品品质的优异程度。例如，某一地区生产的酿酒用葡萄，如果某项生产、加工技术和措施可能导致具有典型特征的当地葡萄品质的变化，则该项措施将被禁止采用。比如拒绝采用提高产量和改变葡萄品质的生产、加工技术措施。通过这些规定来保证农产品的多样性和地区特色。法国特别强调，不要模仿某种名牌，否则，不但想要模仿的名牌没有得到，反而丧失了自己的品牌特色。产地命名产品早在1919年的法令中就加以规定，1966年又重新修订，说明其历史悠久，并且还在不断完善。

二、红色标签认证制度

法国包装标识——红色标签始于1965年。红色标签是法国某种产品质量优秀的保证。某种产品要符合这种“名、优、特”品质，必须满足严格的标准要求，并需要在农产品的生产、加工和销售的各个阶段接受检查。只有经过集中的申请和严格的审查，合格之后才能够获得红色标签。目前，法国已经有500多个企业的各种产品获得红色标签，其中有名的如种植草坪的草籽、塔恩省洛特雷克（TamLautrec）的大蒜、北方的Lingots豆角、法国中部谢西（Checy）合作社的Belledefontenay马铃薯等。使用红色标签保证产品质量最多的行业当属家禽饲养业，尤其是仔鸡和火鸡。这在防止禽病发生和流传的今天有更特别的意义。

红色标签认证从1965年开始投入使用，到1975年得到广泛的普及，目前在农产品市场中占有很高份额。一般在家禽、牲畜（如牛和猪等）上使用较多，如果消费者希望购优质食品，则可以选择带有红色标签认证的产品。

1. 发展历史

法国是一个农业大国，在欧盟的农业总产值中，法国几乎占1/4，在欧盟各国中遥遥领先。法国对农产品及食品的质量非常重视，制定了一系列的规章制度，包括立法、科研、风险分析和评估、食品安全监控及食品全程跟踪系统等方面，以确保食品的安全，消除消费者的顾虑。目前，法国有4种官方认可的产品质量标签：红色标签、特殊工艺证书、农业生态产品标签和产地冠名标签。其中红色标签最具有特色。

2. 标签内涵

在法国家禽业中，饲养、屠宰、饲料、孵化等环节形成紧密联系的23个供应组织。供应组织是一个复杂但有效的网络结构，是供应链上相关主体形成的战略联盟。法国农业部、商业部的成员组成国家产品质量标签和认定委员会（CNLC），该委员会对于红色标签产品的质量要求有严格规定（饲养时间、禽舍大小、饲养密度及光照时间等方面）。具体包括：饲料必须 75% 以上是谷物，并且不能包括动物制品；必须饲养超过 81 天；鸡舍中每平方米不超过 11 只鸡（普通标准是 24 只）；距离屠宰厂不超过 100km 或两小时车程；不能冷冻，并且在屠宰后只有 9 天的有效期；产品具有可追溯性，建立起完整的饲养档案，并向消费者提供产品的相关信息。可见红色标签饲养方式与集中式的工厂化饲养方式形成明显的区别，红色标签产品的质量高于普通产品。

供应组织向国家产品质量标签和认定委员会提出采用红色标签的申请，需要提供详细的质量全程控制计划及产品味觉方面的分析报告，确保能够符合最低标准，并指定一个民间质量认定组织（OC）负责监督产品质量。民间质量认定组织的监督工作是一种收费服务，其资质由政府有关部门认可，若被发现没有完成监督任务，将被政府部门取消监督资格。经国家产品质量标签和认定委员会审核后，供应组织生产的产品可以使用红色标签。该认证的使用是无期限的，而且在欧盟各成员国之间也可以互相承认。但是获得红色标签不意味着可以高枕无忧，生产者必须做好随时接受质量认定组织监督和检查的准备。产品若达不到标准，将不能使用红色标签出售甚至会被销毁。供应组织联合成国家家禽标签联合会（SYNALAF），向国民推介红色标签产品并对国会等政府部门进行争取支持的游说。拥有红色标签产品的价格一般是工厂化产品价格的两倍甚至更高。供应组织可以提高自己产品的最低质量和安全标准，相应市场价格也会提高。

合约是红色标签体系中相关各方联系的主要形式。合约条款先是由供应组织出面集体协商，然后生产者依据协商结果签订合约。合约往往具有不完全性，只是一个基本框架，规定质量要求等技术标准，价格规定上限和下限，数量规定最大量和最小量，具体事项需要进一步商定。合同条款往往以年为单位进行调整，保持一定的稳定性。对合同执行情况的衡量采用可以观察的指标，合同的争议和纠纷由供应组织进行协调解决。

3. 标签机制

（1）供应组织的构成分析

供应组织不是一个一体化组织或者企业，而是由不同的独立主体构成，主要有 3 种治理结构类型。由于红色标签家禽不能冷冻，并且在屠宰后只有 9 天的有效期，所以生产者与加工者的关系治理比较关键，容易产生机会主义和敲竹杠行为。

①生产者联合会控制。以 LOUE 品牌为代表，供应链上的饲料、喂养、加工等环节相对独立，饲养者组成一个大的联合会（CAFEL），联合会直接与销售环节进行谈判并签订合同，确定生产数量。联合会与饲料和孵化商进行谈判，确定价格上限。联合会的成员必须从指定的供应商处购买饲料和种鸡。联合会还与加工厂进行谈判，确定质量控制方法、检验方法及

价格等内容。联合会对内控制和监督生产者的产品质量，保证符合各种特定的质量标准。这种情况下生产者联合会是整个供应组织的中心环节。

②合作社控制。生产者组成合作社，合作社是一种比联合会更加紧密的组织。合作社参股上下游环节，同时拥有饲料企业和加工企业。合作社直接与销售环节尤其是大型超市进行谈判，签订合同，确定销售数量和价格。生产者与合作社确定销售合同。这种情况下生产者合作社是整个供应组织的中心环节。

③加工环节控制。加工屠宰企业处于中心地位，生产者不再是决策者。加工屠宰企业采购种鸡和饲料，将其提供给饲养者，并且按照成本加成的原则将养成的家禽收购。加工屠宰企业和销售环节签订销售合同。加工屠宰企业为了调动生产者的积极性和便于对生产进行监督，鼓励生产者组成联合会，并且让联合会持有公司的1/3股份，实现和生产者的利益共享。

（2）质量控制机制分析

国家家禽标签联合会按照交易量向供应组织抽取一定费用，用于教育消费者食品安全的重要性，消费者愿意为高质量产品付出高价，为高质量产品提供了广阔市场。国家产品质量标签和认定委员会制定出严格可执行的标准，要求生产的各个环节具有可追溯性，利于生产过程有章可循并易于检查监督。民间质量认定组织检查监督农户的产品质量，它的资质由国家有关部门认可，不能履行职责时将被取消资质，可以防止民间质量认定组织与生产者之间串谋的发生。供应链各个环节通过供应组织紧密联系，互相渗透，利于实现质量控制。只有供应组织才能获得红色标签，红色标签产品的高价及高利润促使生产者及有关各方不愿意脱离组织。生产者产品若不符合要求将被供应组织惩罚甚至被开除出供应组织，无法继续获得高质量产品的溢价。供应组织往往存在于一定区域内，成员之间互相熟识，类似于一个大的家族，所以声誉机制可以发生作用。

三、农产品特殊工艺证书与标识

1. 特殊工艺证书

这一证书是根据1988年12月30日法令创立，并依据1990年7月25日法规开始实施。它证明一种食品或非食用、非加工的农产品符合某些特殊的品质要求，或达到预期的生产、包装、来源地等特殊工艺要求。

这些特殊的品质要求是由客观的、可测量的、可检测的和具有实际效益的标准组成，具体生产商则将这些标准细化为自己的生产工艺细则。

在通过国家标签认证委员会的评审后再由国家授权委员会认可的认证机构颁发证书。该类产品将在标签中注明认证机构的名称和被认证通过的产品所具有的某些特殊品质情况。与红色标签不同的是，这类产品没有统一的确定产品身份的官方标志，而只有一些专业组织创立的相应标牌，如：质检王牌标贴（AQC），由认证体系促进协会（CEPRAL）创立并颁发，主要针对农产品和食品；质检标准标贴（CQC），由 INTERB 协会创立并颁发，主要针对肉类产品。

1994 年以后，产品来源地也可作为一项标准纳入特殊工艺证书中，而这一申请程序和所有的法律要求应完全符合欧盟 CEEn2081/92 法令地理保护标识（IGP）的规定。

2. 原产地命名控制制度

法国是世界上最早开始对农产品地理标志进行保护的国家，其关于地理标志的立法堪称是世界上最全面、最系统的。法国历时一个多世纪，创建了一套独具特色的司法与行政确认并行的原产地命名控制（AOC）制度。在这种模式下原产地名称具有优先性，当其与商标发生冲突时，原产地名称作为一种在先权利受到优先保护，适用于葡萄酒、烈酒、奶酪，以及农产品和其他食品。

法国十分重视产品的产地。其中 AOC 是最古老的办法，创立于 1935 年，只有拥有地理概念上的原产地特色的产品，才能获得这种标识。根据法国农业部的规定，原产地命名控制表示某种产品与某个地域之间的密切联系，而且这种产品需要符合一些质量、产地或制造上的特殊要求，从某种意义上保证了产品的原产地域或制造技术。

法国是世界著名的葡萄酒之乡。因而，原产地命名控制最初只适用于葡萄酒或烈性酒。后来 AOC 在 20 世纪 60 年代扩大到奶制品，1990 年以后又扩大到农产品和食品。如今，大约 1 000 种产品拥有“原产地命名控制”的包装标识，其中有很多是葡萄酒和奶酪，同时也有一些其他的产品，比如雷岛的新鲜土豆等。

法国是欧盟农业第一大国，也是世界主要的农业加工食品出口国，法国是世界上建立地理标志保护制度最早也最成功的国家之一，尤其是在葡萄酒方面。法国主管地理标志的登记保护的部门主要是法国农业、渔业和食品部，农业部下设原产地保护国家委员会，是法国地理标志具体的主管机构，除此之外，在法国地理标志管理中扮演重要作用的还有行业协会，如干邑办、法国新鲜水果及蔬菜专业协会、法国乳制品协会、法国渔业协会等，虽然不是行政机构，但是有一定的行政职能，在地理标志的管理中起到了重要的作用。法律保护方面，法国有地理标志方面的专门立法，即法国的 AOC 制度，这一制度最初只用于葡萄酒及烈性酒，1990 年扩大到农产品、食品等，这一制度将产品与特定地理位置紧密联系在一起，很好地保护了地理标志资源。

法国农产品地理标志立法保护的主要特点是采用专门法保护的制度设计进行农产品地理标志的保护。在 1905 年 8 月 1 日，法国制定了在农产品生产与流通领域禁止假冒或仿冒行为发生的相关法律。法国是全世界最早制定与执行相关专门法保护农产品地理标志的国家，1919 年 5 月 6 日颁布了《原产地名称保护法》，正式对农产品地理标志进行系统而全面的保护；此外，在 1990 年、1996 年，法国对该法律进行了优化、补充和完善，明确了农产品地理标志的地位与功能，制定了农产品地理标志的注册登记制度和司法保护程序，界定了侵犯、盗用、仿冒原产地名称等不法行为。通过立法保护，法国政府部门赋予了农产品地理标志经营主体的专属使用权，对农产品地理标志经营的“权、责、利”进行了科学规划。法国的专门法保护操作简便、立法层次高、针对性较强，对农产品地理标志的保护力度大、效度好，有效地确立了农产品知识产权主体的相关地位与利益。

法国农产品地理标志保护采用专门立法模式。其发展大致分为 4 个历史阶段：1824—1905 年的萌芽期，1905—1919 年的初创期，1919—1935 年的成熟期，1935 年以后的变形期。早在 1905 年，法国由于葡萄酒生产市场混乱，颁布了第一个保护地理标志的法律条文《1905 年 8 月 1 日法》，规定由行政管理部门负责商品产地名称的行政许可，这标志着产地名称保护的开端。之后，法国经历了因香槟名称的使用而长达数十年之久的争论乃至引发社会混乱，由此制定了专门法《原产地名称保护法》，这是世界上首部承认原产地存在的法律，使原产地命名制度得以确立。它规定原产地名称是一项集体财产权，并规定了一些产品注册原产地名称的条件。1935 年法国出台了关于保护酒类市场和酒精经济制度的法规，设立专门的章节对原产地命名的保护做出规定，但此法规仅适用于葡萄酒和烈性酒，无法适用于所有农产品。1966 年，法国对《原产地名称保护法》进行了修订，其中规定法国原产地名称权的确认方式为司法和行政两种。在司法程序下，法官通过对商品的特性、质量、产品名称使用的合法性、地方性和稳定性等方面进行考察，最终确定原产地名称；在行政程序下，政府则直接通过行政法院的法令来确定原产地名称。1990 年，法国通过了《1990 年 7 月 2 日法》，在农产品领域引入 AOC 概念，从而取代了 1919 年法规定的经宣告而注册的原产地名称概念，并设立国家葡萄酒和烈酒原产地名称局（INAO），对原产地名称产品进行保护。该法通过统一所有农产品和食品的 AOC 认证程序，建立了一套 AOC 地理标志保护的法律体系。至此，法国率先建立了对农产品地理标志的法律保护。

法国农产品地理标志组织管理体系健全，为本国农产品地理标志的开发与保护提供了充足的保障。法国农业部是农产品地理标志质量监督、登记与注册等的行政主管部门，法院是农产品地理标志进行司法诉讼与司法保护的主管部门，行业协会是负责农产品地理标志市场调研与生产监管的主管部门，三部门协作的模式下，又配备严格的规章制度，形成了健全的农产品地理标志组织管理体系。该组织管理体系具体的运作如下：法院居于首位，主要通过专门法对农产品地理标志的司法案件进行处理，并凭借专门法构建完善的原产地保护系列原则。农业部居于中间的位置，主要对农产品地理标志的认定标准进行制定，受理农产品地理标志的登记、注册、质量监管等工作。法国农业部下辖的政治经济委员会和食品政策部是主要负责实施相关工作的部门。行业协会居于末位，是政府授权的重要法人组织，是负责农产品地理标志申报的组织，同时不断开展市场研究、顾客研究、生产指导、生产监管等工作，是联系农户和市场的重要纽带。法国农产品地理标志组织管理体系健全而严谨，部门之间“权责利”明确，层层紧扣，推动了农产品地理标志申报、登记、注册、质量监督等工作的高效开展，保证了地理标志农产品的质量声誉与品牌溢价空间。

规范的市场运作机制，为法国农产品地理标志的有效保护和健康快速发展提供了坚实的市场制度基础。法国地理标志农产品在国际高端市场中占据举足轻重的地位和强有力的市场份额，这离不开法国国家层面、行业协会、相关部门开展的一系列市场调研、推广、监督等工作。首先是国家层面，法国政府部门鼓励生产者重视地理标志农产品，培育开发和保护地理标志农产品的意识，并通过世博会、展览会、权威杂志等先进营销方式宣传法国地理标志农产品，提升了其在国际市场中的知名度与美誉度。其次是行业协会层面，在政府的积极引导与大力培训下，行业协会主要负责国内外市场的开拓、推广、宣传、促销等工作，保证海内外市场的供需均衡，同时负责对生产者进行质量监督，保障消费者的切身利益，不断提升地理标志农产品的市场影响力。最后是海关、法院、质量监督局等部门通力协作，完善监管机制与体系建设，全面保护地理标志农产品的质量信誉、品牌知名度与品牌生命力。

加贴此项标签的产品是指由产地命名的质量受到保护的产品。它表示产品和某一特定地域之间的紧密联系，一个特定的地域范围的独特的地质条件、农艺方法、气候特征，以及特有的耕作和管理方式培育出一种质量上乘的、并长期以来已成为众所周知的产品，经过检验被纳入产地冠名的保护之中。这种产地冠名产品目前已被欧盟及国际承认。

成立于1935年的法国国家地域冠名研究院（INAO）是受法国政府委托，负责向政府机构提出向某些适合的产品给予AOC认可的建议，对其实施进行监督并对其在本土和国际上进行知识产权保护的公共机构。除了生产方面的因素外，资源的合理配置、环保和可持续发展等条款也被纳入了地域冠名的考量范围。产地冠名权的获得需要一个长期而复杂的过程，需要经过考察、专家评审、公众测评以及INAO下属4个专业委员会的考核意见，同时还要得到法国国家标签认证委员会的认可，所需时间往往要好几年。

这种标签最早是用在酒上的，后来逐渐推广到其他产品。法国的酒类产品制作工艺源远流长，其中大部分产品都被冠之产地命名。据统计，法国 AOC 的葡萄酒产值达 156 亿欧元，占所有葡萄酒类总产值的 85%，AOC 的烈性酒产值达 15 亿欧元，这是法国农产品出口中盈余最大的一项。

这一法国首创的产地冠名制度，已被欧盟认可并致力推广。1992 年，欧盟颁布了一项法令，决定成立一个地域名称保护体系。包括两种：受保护的原产地冠名（AOP），受保护的地域标识（IGP）。法国的相关法令规定，只有 AOC 可以直接成为这一体系中的 AOP，只有国家优质商品标牌（label）和相关等同的证书可以在欧盟 IGP 项下得到保护。前者主要对酒类，后者涵盖其他农产品，使农产品的产地冠名保护向前跨进了一大步。1994 年世贸组织框架下的地理标识多边协议又使其今后的不断发展和知识产权得到了更广泛的法律保护。

四、法国农产品合格证制度

法国农产品合格证制度也称法国农产品认证合格制度。认证合格产品标签是法国的国家级农产品食品标签，建立该标签的目的是向消费者保证产品的质量完全符合其标签上所标注的各项特性，保证该产品的生产、加工和包装的方式都遵循既定的规则，并使每一环节都受到认证机构的监控。

认证合格产品标签是法国国家级标签里历史最短的一个。除此之外，法国的国家级标签还有原产地命名标签、红色标签和有机产品标签。认证合格产品标签和其他几个国家级标签一样，也在欧盟内部得到承认。使用它的目的是为消费者在产品繁多的市场上选购优质产品提供便利。具有认证合格产品标签的产品是由法国农业部和经济财政部共同批准的独立认证机构来鉴定的。

现在，法国认证合格产品已经分布相当普遍，比如焙炒咖啡、阿尔萨斯的天竺葵、阿尔萨斯的面条、布列塔尼的苹果酒、诺曼底的苹果酒、阿尔萨斯的蜂蜜、普罗旺斯的蜂蜜、阿尔萨斯的腌酸菜，等等。

标有认证合格产品标签的阿尔萨斯小牛肉保证其饲料完全是天然植物，只略加入少许矿物质和维生素。小牛肉从饲养到出售的每一个环节都严格遵循特定的生产方式规则，可保证牛肉的产品溯源性。

在法国，从小麦面粉到经过认证的生菜，采用产品合格证（CCP）是一种较新的办法，也是产品品质标识当中历史最短的。1990 年，法国出台了 CCP 认证办法。CCP 是证明某种农产品拥有某些品质，符合技术要求中说明的特殊的生产规定，产品经过了严格的检查，而且生产的具体规定在产品包装标签上作了注明。产品合格证标识已经颁给了大约 300 种产品。这种标识能向消费者保证所购买的产品质量稳定，且与一般的产品不同。在粮食作物方面，巴黎南部的桑斯合作社（Sens）为合理种植控制的粮食作物申请了产品合格证认证。第五季即食生菜和第五季即食甜野苣等也都获得了产品合格证认证。谢西（Checy）合作社也为自己种植的全部蔬菜品种申请了这种认证。

一般来说，法国农场（农户）要获得这种产品标识或认证需要满足很高的要求，遵守非常严格的技术标准。一旦农场有了这种标识或认证，便能够保证他们的产品具有很好的价值回报。在法国，农产品认证标识的发放和管理十分严格，红色标签和“产品合格证”由法国标识和认证委员会统一颁发，确保了产品的优质，也促进了农产品的外贸出口。而在原产地命名控制中，由法国国家原产地命名控制研究所确定是否授予某种产品“原产地命名控制”的标识。

五、生物农业标识

法国的生态农业起步于 20 世纪 50 年代，1981 年法国首次将推行生态农业标准写入农业指导法律，1985 年正式将 AB（Agriculture Biologique，生物农业）标签制度纳入法律，1997 年法国农业部专门制定了生态农业发展计划，2007 年法国农业部生态农业发展和促进署又专门设立法国生态农业专项发展基金，启动两个五年计划。2008—2012 年，每年投入 300 万欧元，2013 年开始每年投入 400 万欧元，AB 标签制度步入快车道。

AB 标签制度有 3 项基本原则：一是生产、加工、销售过程管控全覆盖；二是施肥、处理、加工等环节可使用和添加的正面物品实行清单管理；三是控制、认证、处罚及标识管理相配套。

AB 标签认证由法国农业部负责管理，具体审核工作由认证控制署、农业认证署、农产品质量及产地认证署、法国国际检验局、生态农业认证署、农产品认证署、生态农业产品质量阿尔卑斯办公室等 8 个机构承担。

凡加施 AB 标签的产品，必须符合法国有关法律和欧盟有关法令的规定，生产过程尊重自然平衡、环境及动物舒适感，产品不含化学合成成分及转基因成分，不使用杀虫剂、化肥、转基因物质，严格限制使用各种有副作用的物质。同时，至少 95% 以上的配料经过授权机构严格检验。为确保 AB 标签产品的权威性和公信力，法国建立了严格的监管制度。凡是在监督检查中发现有问题的，不仅撤销认证标签，而且该主体将永久不得再次申请认证。与此同时，通过广泛的大众科普宣传，消费者普遍对 AB 标签高度认可，AB 标签已形成良性发展机制。与我国现行农产品质量标识体系相比：一是法国的生态农业是一个法定的概念，而我国的生态农业是一种农业发展模式和发展理念；二是法国的 AB 标签制度是以国家立法来推行的一种质量标签制度，总体定位类似于我国的有机产品认证，而我国的有机产品认证是以部门规章的形式来调整和规范；三是法国 AB 标签由农业部管理，属于政府确认行为，我国的农产品地理标志、无公害农产品和绿色食品由农业农村部管理，属于政府确认行为，而有机产品认证则是由国家认监委管理，但有机产品的认证受理、现场检查、合格评定、颁发证书等均由第三方有机认证企业负责；四是法国 AB 标签公信力强，市场认可度高，企业申请和使用积极性高。

AB 标识保证某种食品是通过生物生产模式生产的。在生物生产模式中，禁止使用合成化肥，只能使用有机肥和有关清单中规定的植物保护用品。农户应向有关部门申报自己的生物农业生产经营活动，并接受有资格的独立的私营机构的检查。生物农业产品的标签上带有“生物农业”的标识和 AB 识别符号。

特别需要强调指出的是，认证标识不属于企业而属于国家。只要符合标准，就可以使用这个保护标识。农户申请并要获得一个质量标识，也不是轻而易举的事，必须要达到标识所规定的质量标准，一般需要 3~4 年才可以通过认证。

另外，法国为了打击国内外市场上的假冒认证标识，每年都有专门机构检查获得认证标识的企业，一旦发现了问题，不仅其质量认证标识将被撤销，该农户将永远不得再次申请认证。认证标识对生产者有好处，一般情况下，一个产品在获得了认证之后，其价值平均能够增加 1/3。

法国的消费者在市场上会发现同种商品贴有一个或者两个认证标识，他们熟悉这些标识，对有标识的产品质量百分之百地放心，像法国传统的葡萄酒和奶酪生产历史悠久，认证比例相当高，通过家庭成员的熏陶与影响，连小孩子都熟悉哪些是好产品，再经过大众传媒的不断广告宣传，因此，法国人对于他们的农产品认证标识比较熟悉。

六、山区来源产品质量标签

山区来源产品质量标签是 1999 年在法国新推行的一种标签制度，它证明该产品的所有原料、制作工序都是在某一个特定的山区完成的。法国设立了专门机构对获得此项认证的企业进行严格检查监督，充分打击市场上假冒的质量认证标识；一旦发现问题，不仅撤销其质量认证标识，而且还对其作出严厉处罚。由于我国农村地域广、山区多，农民自产的小量的农产品和食品比较普遍，自从运输与通信条件改善以来，这些农产品不仅仅在本乡镇加工和销售，还散布到其他的乡镇去，其卫生安全状况同样直接关系到广大消费者的健康和安全，因此对此类零散型的产品和食品，同样需要加以严格的监管，而山区来源产品质量标签对我国的食品安全监管体系有很好的借鉴意义，具有较强的可行性和可操作性。

第五节 英国农产品标签标识法规及标准

2014年12月13日英国新消费者《食品信息法》开始实施。涉及法律规定的信息包括新鲜未加工的冷冻和冷藏猪肉、绵羊肉、山羊肉和禽肉，过敏原或者营养信息如何提供以及何时提供都必须强制标识。

该法令规定了食品信息应该如何与消费者沟通，以避免误导性标签。1996年的《食品标签法案》也进行了修订，包含《食品信息法》的所有相关规定。

一、营养标签

从2016年开始，《食品信息法》将强制要求在包装袋背面提供营养信息，而之前营养信息的标注是自愿的。已经提供了营养信息的公司也将必须履行新的《食品信息法》对营养标签的规定，而现在未实施营养信息标注的公司在2016年12月13日之后必须按照规定实施。

《食品信息法》规定营养成分信息按照以下顺序标注：能量（kJ和kcal为单位）、脂肪含量、饱和脂肪、碳水化合物、糖、蛋白质和盐。营养信息必须按照100g或100mL为单位提供，另外也可以按照消费单位、份额单位或者按照RI（参考摄入量）百分比（以前为每日摄入量）。其他法规列出的营养信息提供是自愿的。

二、来源国标签

（1）非加工肉类

从2014年4月必须标注未加工新鲜、冷冻和冷藏猪肉、绵羊肉、山羊肉和禽肉来源国或者来源地。在标签上必须标注这些动物饲养或者屠宰的国家或者地区。

（2）猪肉

如果屠宰的动物为6月龄以上，必须标注至少4个月内的最后饲养阶段的地方；如果屠宰动物在6月龄以下，体重至少80kg，那么标注动物达到30kg以后的饲养场所；如果屠宰动物在6月龄以下、动物屠宰活体重小于80kg，那么需要标注整个饲养期。

（3）绵羊和山羊

如果屠宰动物在6月龄以下，那么必须标注整个饲养期至少最后6个月的饲养信息。

(4) 家禽

如果屠宰动物在 1 月龄以下，那么必须标注育肥后整个饲养阶段至少 1 个月的信息。如果使用“原产地”这一词语，那么出生、饲养和屠宰 3 个生产阶段必须在同一个国家。

三、过敏原标签

2014 年 8 月 1 日英国食品标准局发布中小企业食物过敏原标签指南，以帮助中小企业应对 2014 年 12 月 13 日生效的欧盟预包装和非预包装（散装）食品标签新法规。新法规要求食品企业标示 14 种过敏原信息，含有麸质的谷物、甲壳纲动物、软体动物、蛋、鱼、花生、坚果、大豆、奶、芹菜、芥末、芝麻、羽扇豆、二氧化硫（含量在 10 mg/kg 或 10 mg/L 以上）。该指南文件诠释了欧盟对于过敏原的要求以及操作实践，有助于食品企业（尤其是中小企业）更好地理解这些要求。

四、交通灯信号标签

英国食品标准局（Food Standard Agency，FSA）是英国独立的政府部门，其主要职能是负责英国的食品安全和食品卫生，与地方政府合作推行实施食品安全法规。FSA 负责苏格兰、英格兰和北爱尔兰的食品标签政策和营养政策，并与威尔士政府一同负责该地区营养政策。FSA 不仅制定国内的食品安全标准，同时也是欧盟食物营养与健康研究机构的重要组成部分。它与英国剑桥大学、伦敦大学学院（UCL）等联盟组织共同开展的英国居民食物消费及膳食摄入调查（National Diet and Nutrition Survey，NDNS），掌握当前英国居民食物消费和膳食营养状况的权威数据，在保障居民膳食营养、增强国民体质等方面发挥了积极作用。从微观层面看，该调查提供了开展食品化学检测和食品风险评估的平台，对英国食品质量安全起到保障作用。

FSA 向消费者推广交通灯信号标签（Traffic Light Signpost Labelling，TLSL），消费者可通过该标签了解食品中能量、脂肪、饱和脂肪、盐和糖含量，选择营养成分高的食品，对国民高能量食品的摄入起到一定的限制作用。该标签有红黄绿 3 种颜色，颜色分类依据成年人每日平均营养摄入标准（Guide Daily Amounts，GDAs），红色意味着食品中含有不利于保持身体健康的成分，要严格控制摄入量，如高油、高盐的垃圾食品；黄色代表某种成分既不高也不低，如鸡蛋、肉、奶酪等；绿色表示某种成分在食品中的含量很低，有益健康，瓜果蔬菜等属于绿色食物。交通灯信号标签通常在包装正面的醒目位置，指导消费者做出快速选择。该标签自 2006 年 3 月批准实施，实施之初获得 8 家零售商、4 家服务供应商和 14 家食品生产商的支持。截至 2007 年 11 月，在交通灯信号标签实施一年半后，已经有超过 3 万余种食品应用了该标签系统，并且这个数字还在持续的增长，也促进了食品生产商生产更多低盐、低脂肪、低糖的健康食品。

1. 交通灯信号标签的由来

为了让消费者在最短时间内通过颜色辨别，便捷地选购健康食品，作为负责食品安全，并提供食品有关的健康、安全、卫生和营养信息的政府部门，FSA 仿照交通信号灯模式，于 2006 年 3 月建议生产商和零售商择机在食品包装袋正面实施 TLSL。2013 年 6 月，英国食品标准局、威尔士政府、苏格兰政府将交通灯信号标签作为一种自愿性公共卫生干预措施，与能量值及营养成分的建议摄入量百分比的 GDAs 联合使用。

2. 交通灯信号标签的格式和内容

欧盟《消费者监管食品信息》规定，食品信息需要显示在消费者主视野中。主视野是指消费者在购买食品时，能让他们立即识别产品的特征或性质的位置。主视野的信息受空间、易读性影响，主要由标签放置位置、额外的包装信息、包装大小、包装形状等多个因素决定。虽然英国食品标准局鼓励但不强制生产商和零售商在预先准备好的方便食品、即食食品和其他加工产品等尽可能多的产品上显示交通灯信号标签，但标签设计和使用必须符合欧盟《消费者监管食品信息》的要求，必须提供消费者容易理解和有意义的信息，不得误导或迷惑消费者。2016 年 3 月，英国卫生部出台《营养标签技术指南》对 FOP 标签的格式、信息表达、声明进行规定。2016 年 11 月，英国卫生部、食品标准局以及苏格兰、北爱尔兰和威尔士的地方政府与英国零售商协会合作制定《预包装零售食品包装正面（FOP）营养标签设计指南》。这两个指南都对交通灯信号标签设计做出最新最详细的规定，总体来看，交通灯信号标签含有食物分量、能量值和各营养物质含量、参考摄取量百分比（percentage of reference intakes，%RIs）、颜色编码、制备或烹饪方法等信息，并对字体大小、图标尺寸、颜色、放置位置、背景颜色等标签规格有明确规定。

（1）食物分量信息

食物分量大小信息以消费者容易识别和普遍接受的方式表达，比如 1/4 片馅饼或 1 片面包，且在分量声明中需详细说明制备或烹饪方法，如 1 个烤汉堡或 1 个烤里脊。需要说明的是，当产品被期望以 100g 的数量食用时且包装背面提供完整的营养信息时，交通灯信号标签的能量值和营养物质含量可以重复食品包装背面标签信息。

(2) 能量值和各营养物质含量信息

能量值和各营养物质含量标签内容有两种形式：一是单独能量值，又称单一交通灯信号标签（simple traffic light signpost labeling，STLSL），主要应用于包装正面空间有限的产品，如小调味品罐；另一个是能量值加上 4 种主要营养物质，顺序依次为脂肪、饱和脂肪、（总）糖和盐，其中，盐可通过食物中的钠含量乘以 2.5 来确定，即“能量 +4 种营养物质”，又称多交通灯信号标签（multiple traffic light signpost labeling，MTLSL）。

能量值可采用 3 种方法计算：使用 欧盟工业产品价格指数的转换系数；使用 McCance & Widdowson 的《食品成分》中列出的能量值；从英国政府网站上采用 McCance & Widdowson 的《食品成分集成数据集》（CoF IDS）的在线数据进行计算。脂肪、饱和脂肪、（总）糖和盐的含量以食物整体分量计算。

(3) 参考摄取量百分比信息

参考摄取量百分比是摄入每 100g 或 100mL 食物中能量和各营养物质含量占一个成年人平均每天对每种营养物质参考摄取量的比重。RIs 替代 GDAs，方便消费者在多种产品的相同营养物质之间进行更准确的比较，例如，食用的某份食物盐的 RIs 为 50% 表示每 100g 或 100mL 的食物中含有一半普通成年人每日最大的盐摄入量，意味着消费者应该在这天剩下的时间里尽量选择低盐食物。

(4) 颜色编码信息

欧盟《消费者监管食品信息》第 35 条规定了可对标签中营养物质进行颜色编码，因此，根据英国政府规定，交通灯信号标签中除了能量以外的 100g 或 100mL 营养物质进行颜色编码，高、中、低量的脂肪、饱和脂肪、（总）糖和盐分别用红色（Red032；或 C 0%，M 90%，Y 86%，K 0%）、琥珀色（PMS 143；或 C 0%，M 36%，Y 87%，K 0%）、绿色（PMS375；或 C 48%，M 0%，Y 94%，K 0%）表示。需要说明的是，标签含有脂肪、饱和脂肪、（总）糖和盐等信息时才显示红色、琥珀色和绿色。每种营养物质的菱片图形中，至少 1/3 面积是彩色，红色信号意味着食品中含有不利于身体健康的成分，如高油、高盐的垃圾食品，但不代表绝对的危险，而是警示消费者严格控制摄入量和食用频率。琥珀色信号意味着食物中的某种成分不高不低，大多数时候，可选择这类食物，如鸡蛋、肉、奶酪等。绿色信号意味着某种成分在食品中的含量很低，食品营养价值良好，且越多绿色信号的食品，越有益于身体健康，如瓜果蔬菜。多数食物的交通灯信号标签是红色、琥珀色和绿色的结合，所以消费者在同类食品之间做出选择的时候，鼓励他们尽量选择绿色信号和黄色信号较多的食品，对于同样颜色标签的食品，还要进一步比较各种成分的含量。生产商和零售商可选择使用营养物质含量“高”“中”“低”等字眼让消费者更容易理解。

（5）格式要求

①遵循《欧盟工商法》第 13 条第 2 款的标签易读性要求，一般情况下，营养信息字体大小的“x”–高度最小为 1.2mm，而如果食品包装的最大表面面积 <80cm^2，则允许将“x”–高度减少到 0.9mm。此外，能量和各种营养物质之间有清晰的轮廓，字体的背景和颜色之间应该有明显的对比，如在彩色背景显示白色字体，在深色或白色背景显示黑色字体，且文字不能被颜色所覆盖。

②根据欧盟《消费者监管食品信息》规定，交通灯信号标签底部必须提供每 100g 或 100mL 食物中的能量值信息（kJ）。

③交通灯信号标签格式有水平和垂直两种，主要以食品预包装大小为依据，但大多数产品的营养信息以水平格式展示。

五、农产品碳标签

碳足迹（carbon footprint）是产品生产系统内温室气体排放与消纳的总和，多用于评价对气候变化的影响，一般以 CO_2 当量形式表达。碳足迹可展现于产品标签之上，即碳标签（carbon label）。碳标签概念源自 20 世纪 90 年代关于“食物里程（food miles）”的探讨，其作用主要是呈现产品或服务对全球暖化影响的信息，把产品或服务在生产、提供和消耗整个生命周期过程中所排放的温室气体总量（或碳足迹）在产品标签上用量化的指数标示出来，以标签的形式直观告知消费者产品的碳排放信息，作为消费者选购产品或服务的参考依据。目前，碳标签制度在国外已经被广泛地应用，英国、法国等欧洲国家在 2010 年之前便开始推行碳标签，后来美国等国家也相继施行，以发达国家居多。

英国是世界上最早开始推行碳标签制度的国家，相较于其他国家其制度较为完善。英国加贴碳标签的产品类别涉及 B2B（商业—企业）和 B2C（商业—客户）的所有产品与服务，主要包括食品、服装、日用品等。英国碳标签标准协会发布的 PAS 2050 是目前使用最广泛的标准，英国 Carbon Trust 根据 PAS2050 标准以及 ISO 14065 框架建立了一个相对稳定的碳标签体系，其整体是一个脚印形状，简单地配以黑白颜色，口号是“减少碳足迹”，脚掌位置的数字为该标签所代表产品生命周期的碳排放当量。

碳标签体系包括碳足迹的计算、碳标签的核证与颁发和碳标签的咨询服务机构 3 部分。我国对于碳足迹核算的排放因子等参数的测算仍处于起步阶段，目前相关领域的研究仍广泛借助于英国、美国和欧盟等国的数据，适合我国的碳排放因子测算工作亟待进行。因此，应建立完善的碳足迹数据库。使企业对产品生产各个环节的碳足迹数据得以衡量比较，明晰高碳排放的具体环节，为制定节能减排策略提供数据支持。碳标签的核证与颁发应由独立的第三方机构或独立的委员会或者由企业或组织内部机构完成，核证机构要求必须具备一定的认证和省查的能力与资格。

第六节　德国农产品标签标识法规及标准

德国具有较大影响力的认证有德国农业中央营销协会认证（CMA）、质量与安全认证（QS）以及生态食品认证和普通食品认证4种。其中前两种是民间行为，后两种是政府行为。值得一提的是，德国的农业生产标准化程度很高，据巴伐利亚农民协会称，德国早在10年前便推行GAP良好农业规范，如今GAP种养模式已相当普遍，是农业生产的最基本要求，获认证的产品均已达到GAP规范。

据欧洲之声报道，欧洲审计院发布了一份审计员报告，指出在欧洲市场上销售的一些加施有机标识的农产品并不符合欧盟相关的法规和技术标准。一位审计员在报告发布会上向媒体表示，这份报告是来源于对德国、法国、意大利、英国、西班牙及爱尔兰有机农产品操作体系历时3个月的考察结果。报告列出在审计中发现的薄弱环节：一是近40%的欧盟有机农产品不能准确溯源至生产者；二是自2001年以来疏于对欧盟成员国执行欧盟法规情况的监管；三是欧盟成员国主管机构未将欧盟法规落实到位，并没有实施良好的农业操作。根据对73份有机农产品抽查结果，在德国的虾产品中检出重金属与防腐剂，在意大利玉米油中检出杀虫剂和转基因成分，在意大利苹果中检出杀虫剂，在英国熏肉中检出抗生素，在西班牙鸡蛋中检出防腐剂，在德国柠檬水中检出转基因成分等。文章提到，欧盟大力发展有机农业，但欧洲本土消费需求并不旺盛，仅占食品总支出的2%。欧盟与美国签署了有机农产品互认协议，并一直以来与我国就推动互认合作保持着密切沟通与交流。

一、农业生态标签制度

德国提出了农业生态标签制度，将农业生态环境品质和农产品的经营活动密切联系起来，各种农产品都在标签上明确产地。

德国是第二大生态食品市场，销售额超过70亿欧元，是一个非常重要的大市场。德国联邦农业和粮食署（BLE）负责德国生态认证标记事宜。

各种生态标记在德国都受到很高的认可。德国和欧洲生态认证标志所采用的标准相差无几。但是，“食品观察”组织对这些花样繁多的证书颇为不满。“眼下食品领域的各种认证标记没有几千个，也有几百个。”温克勒表示，“消费者在超市里根本没办法搞清，哪个标志是正式的，哪个标志只是一个食品业用来改善产品形象、冒充更好质量的市场营销噱头。”“食品观察”组织因此要求设立“基本清晰、更为完善的标记规定，将食品成分、来源产地和是否使用转基因技术也记载在内”，并且禁止使用类似“高级”或“合适的养殖方式”这样模棱两可的字眼。

尤其是在“合适的养殖方式”方面有很大的改善空间：即使在生态养鸡业内，小公鸡孵化之后被立即绞碎或者用天然气杀死也是标准流程。生态奶牛也必须终其一生都处于怀孕状态，以便产奶。而它们所产下的小公牛则马上被加工成小牛肉和制造奶酪产品所需要的凝乳酶。生态牲畜运往屠宰场的运输工具与传统农场的一样。

耕地的租金、生产成本以及生态产品在市场上的售价都过于高昂，而消费者花更多钱购买生态产品的意愿又太低。“因此，对于德国消费者来说，在其他地方引入生态生产方式以及那里产出的生态产品的可靠性也是一个重要的话题。”

根据德国联邦农业和粮食署的统计，目前德国全国得到欧洲标准认可的生态认证标记一共有 70 个。相关机构通过例行检查的方式来确保认证标志“名副其实”。“对来自这些国家的前期产品进行再加工的德国厂商能够凭借产品附带的文件确认，这些产品确实是通过生态方式制造的。”德国联邦农业和粮食署主席艾登表示。而按照法律规定进行检查的工作则外包给了私营企业。

生态农产品因环保安全备受德国消费者青睐。无论是在普通超市，还是露天市场，随处可见带有“BIO”（生态产品）标识的商品。此外，还有很多专营生态产品的商店。尽管许多生态产品的价格比普通产品高出不少，但由于产品绿色、健康、无公害，民众的购买热情丝毫不受影响，甚至出现了供不应求的局面。

德国生态农业在发展过程中严格控制产品生产标准和产品质量。生态产品除了要符合德国针对传统食品的食品法和饲料法的规定，还要符合欧盟生态条例的要求。条例规定，欧盟成员国有权从以下 3 种监管法方式中自主选择：由国有机构直接检验、由受国家监管的私人机构进行检验和两者并行检验。德国选择的是第二种模式，目前德国有 16 家州监管局负责管理 22 家获批准的私人检验机构。私人检验机构负责实地考察生态企业遵守欧盟生态条例的情况。检验机构事先与企业签订检验合同。按规定，农场、加工企业和进口企业每年至少要接受一次全面检查，检查费用由企业承担。此外，还要接受风险评估和不定期的抽查。检查内容以生产加工过程为主，辅以成品检查。检查方式采取抽样调查形式，如有可疑，也会进行土壤和植物检查以及残渣分析。农场、加工企业和进口企业要执行严格的产品生产和加工情况登记制度，以保证生态产品的来源有迹可查。农场需要登记作物种植土地、生产数量、销售去向等；生产商和加工商必须记录产品原料来源、生产厂房、加工设备等相关情况。此外，德国各级政府还十分重视农业技术人才的教育和培养工作。2008年，“联邦生态农业建设规划”和德国联合国10年“可持续发展教育”行动计划相整合，其目的是将可持续发展的思想贯穿到所有教育领域中。因此，对生态农业建设的教育和培训将融入所有农业职业教育体系之中。在德国巴伐利亚州的许多农业专科学校里，学生在完成第一学年的基础农业知识课程后，将被推荐到相应的生态农业企业中接受为期两年的专门培训。在实践的同时，学校继续向学生传授相应的农业理论知识。随着生态农业的发展，越来越多的年轻人看到了这一行业良好的就业前景，投入生态农业职业培训的队伍中，为德国生态农业的长远发展储备了充足的技术力量。

德国根据欧盟颁布的《生态农业和生态农产品与食品标志法案》（VO（EWG）Nr.2092/91，简称《欧洲生态农业法案》），分别于1991年和1994年公布了种植业和养殖业的生态农业管理规定，2002年公布了《生态农业法》，对有机农业制定了更严格的标准和规定。于2003年4月实施的《生态农业法》，主要规定了对经过注册的生态农业企业的经营活动及其产品的监测、检查或检测，对违反“条例”的经营者的处罚等。

二、有机农产品标签

德国原有有机食品认证机构50多家，经过激烈的竞争，现有认证机构32家。首先认证机构必须符合ISO标准，对认证机构的要求非常严格，有些认证与检测机构是合二为一的。目前，这些认证机构大多是私人的。私人机构组织认证标志不统一，很多认证机构注册了自己的标志，最多时达20多个。标志过多，在使用过程让消费者眼花缭乱，使有机农产品的信誉受到了影响。德国有机农业协会认为应由国家组织认证工作较为公证。丹麦的有机农产品认证机构就是国家组织的。2001年，欧盟有机农业工作组提出统一标志的意见，凡是有机农产品必须使用统一标志。申请使用有机标记的农户或加工企业需要与有机标记协会签订一个许可合同。农户每年必须交纳250德国马克作为管理费和认证费加工企业必须交纳年销售额的0.8%。

19世纪末，德国有一波生活改革运动（Lebensreform-Bewegung），希望人们从都市化及工业化当中返回自然。到了20世纪20—30年代，这个运动的思想发展出自然农业的生产方式。于是Rudolf Steiner在1920年，依据其人文思想及农业知识，发展出生物－活力农法（Biological-Dynamic Agriculture），同时于1924年成立了世界上最早的有机农业协会DEMETER。

Yussefi将德国有机农业的扩张分成3个阶段。1968—1988年是德国有机农业发展的第一波扩张时期。因为工业化方式的农业生产方式所带来的负面评价，以及环境保护思维的抬头，人们开始重视有机农业。而在1962年即已成立的有机与农业基金会（Stiftung Oekologie und Landwirtschaft，SOEL）则亦从一开始就支持于1972年成立的国际有机运动联盟（International Federal of OganicAgriculture Movement，IFOAM）。在这一段时间，许多有机农业生产协会陆续成立，而有机农业面积亦从这段时间开始成长。1988—2000年是德国第二波有机农业扩张时期。在SOEL的发动下，有机农业工作联盟（Arbeits Gemeinschaft Oekologischer Landbau，AGOEL）于1988年成立，并成为各有机农业协会的联盟。

在这段时间，欧盟的许多政策，例如1989的粗放政策、1994年的农业环境条例及2000年的乡村发展条例［Regulation（EEC）No.4115/88，2078/92及1257/1999］，都对有机农业的发展有很大的正面影响。在此阶段，全国共享的有机标章建立了，且广为市场所接受，成为消费者选择有机产品的重要依据。2001年以后，是第三阶段的扩展时期。德国消费者保护、粮食及农业部大力推动有机农业，其所设定的目标是在2010年时有20%的农业面积实施有机农业，亦即每年成长率要达到28%。

根据欧盟委员会有关生态农业和农产品及食品的（EC）No 2092/91条例，专门成立有机农业组织联合体——有机农业工作组（AGO）负责制定德国有机农业实施细则，建立自己的有机农业标准体系，明确有机农业生产中允许的投入，怎样对生产、加工、营销环节进行管理和监督，以及从非欧盟国家进口有机食品的要求。之后，AGO与德国中央农产品营销委员会合作开发了全国统一的有机食品标记“OekoPruefzeichen”，这一标记已经在1999年2月的德国绿色食品博览会上公布，并于1999年10月开始实施。申请使用有机标记的农户或加工企业需要与有机标记协会签订一个许可合同。农户每年必须缴纳250德国马克作为管理费和认证费，加工企业必须交纳年销售额的0.8%。

三、地理标志农产品

德国现行《商标法》的全称是《商标和其他标志保护法》。该法制定于1994年10月25日，1995年1月1日生效。1996年7月24日进行了修改，其修改部分于1996年7月25日生效，其中第29条第3款于1999年1月1日生效。该法主要保护商标、商业标志、地理来源标志，可以看出德国将地理标志列入商标法保护的范畴，同时该法又把地理标志单独设立成为第六部分。

德国《商标法》主要采取两种途径对地理标志进行保护。第一种途径就是直接通过商标法将地理标志注册为集体商标；第二种途径是通过在商标法中专门设立单独的一个部分对地理标志进行保护。虽然德国一部法律中并存两种保护模式。但是当事人只可以选择一种方式对地理标志进行保护，这样就防止了两种模式的重叠，也不会出现地名商标和地理标志冲突的现象。

以德国为例的商业标志法模式充分考虑了商标和地理标志之间的区别和联系，并在两者之间探寻出一个上位概念，即商业标志，同时兼顾了所具有的商业标志的一般属性和自身的特殊属性，在同一部法律中分别给地理标志和商标以不同的保护，同时通过两者选其一并相互承认对方的在先权等制度规定确保了法律的兼容性和稳定性，从而避免了实践中的冲突问题。但是这种模式自身却存在一个最大的局限性，即对立法技术的要求过高，如何处理好同一部法律中包括商标、地理标志和其他各种商业标志的协调问题所要求的立法技巧对相当多的国家的立法机关难度较大，从而限制了这一模式的推广。

德国《商标法》规定：地理标志是指地方、地域、区域或者国家名称，以及其他在商业中使用的、用来确认货物或者服务的地理来源的标志或者标记，一般分为直接地理标志和间接地理标志。其中，直接地理标志是指使用洲、国家、地区、山脉等名称或者其他地理术语作为地理标志；间接地理标志是指在没有确切的地理术语的情况下，使用外国词语、符号或者类似暗示，使公众认为某货物来源于某一特定区域或者场所，而将此作为地理标志。

德国的地理标志可以通过两种方式获得法律保护：通过将地理标志申请注册为集体商标，由商标法进行保护；通过专门立法，将地理标志作为一项独立的权利，予以专门的保护。侵害地理标志的行为，可以通过两种保护措施进行处理：禁令救济和请求损害赔偿金。

在《商标法》中，还规定了地理来源标志的“在先权利”：在德国领土范围之内，地理标志权利人有权禁止使用这一注册商标或者撤销这一注册商标。这一条款更具灵活性，当事人可以依据利益得失和保护范围选择地理标志的保护方式，在一定程度上更加适应国际保护的要求。

第七节　意大利农产品标签标识法规及标准

一、原产地标识

意大利也是欧盟的农业大国，对于地理标志的保护十分重视，到 2011 年意大利拥有的原产地名称保护标志（Protected Designation of Origin，PDO）和地理标志保护（Protected

Geographic Indication，PGI）产品数量是欧盟国家中最多的。意大利负责对地理标志进行保护的部门主要是农业部设立的原产地标志保护处。同样，行业协会在意大利的地理标志管理中也起着巨大作用，主要负责对地理标志农产品的保护以及相应产品质量的管理。仿照法国的AOC 制度，意大利颁布了 DOC（Denominazione d'Origine controllata，原产地控制分类）法，由于欧盟基准法的出台，2000 年 DOC 法由 DOP（Denominazione d'Origine Protetta，原产地名称保护认证）法取代，DOP 适应欧盟规定的同时，继续为意大利地理标志的保护提供重要的依据和有力保障。

意大利地理标志制度由普适产品制度和具体产品制度构成。普适产品制度包括欧盟层面的制度和意大利国家层面的法律，特殊产品制度主要是针对葡萄酒、奶酪等具体产品的地理标志的保护制度。

意大利是欧盟成员国，欧盟规则也是意大利地理标志制度的普适规则。1992 年，欧盟通过制定第 2081/92 和 2082/92 号条例建立了欧盟地理标志制度。此后，意大利通过制定一系列法规以使国内规则与欧盟一致，原有制度中只保留与欧盟兼容的部分。目前，欧盟地理标志保护制度包括：保护农产品和食品地理标志的（EU）No 1151/2012 条例，保护葡萄酒地理标志的（EU）No 1308/2013 条例，保护烈性酒地理标志的（EC）No 110/2008 条例，以及保护加香葡萄酒的（EU）No 251/2014 条例。欧盟把地理标志保护分为 PDO、PGI 和 TSG（Traditional Specialities Guaranteed，受保护的传统特产）3 种类型，对产品质量、特性等的要求标准依次降低。根据欧盟规定，食品和农产品可以申请 PDO、PGI 或 TSG 保护，葡萄酒可以申请 PDO 或 PGI 保护，而烈性酒和加香葡萄酒只能申请 PGI 的保护。

意大利《工业产权法典》（Decree-Law 30/2005）对地理标志的保护进行了具体规定。《工业产权法典》第 29 条和第 30 条规定了地理标志保护的具体内容，第 11 条还规定地理标志能够以集体商标形式获得保护，不过商标保护途径基本没有发挥作用，意大利主要以专利立法对地理标志进行保护。与欧盟一致，意大利也将地理标志保护分为 3 种类型，PDO、PGI 和 STG 在意大利的表述分别为 DOP、IGP（Indicazione Geografica Protetta）和 STG（Specialità Tradizionale Garantita）。

意大利特殊产品的地理标志保护主要涉及葡萄酒、奶酪、肉制品、橄榄油等。早在 1932 年，意大利就通过跨部门法令对 Chianti Classico 葡萄酒的地理标志进行专门保护。1963 年，意大利借鉴法国地理标志制度，颁布了保护葡萄酒原产地名称的第 930/1963 号法案（1966 年实施），提供了葡萄酒原产地保护的法律依据，建立了葡萄酒地理标志保护制度。1992 年，欧盟颁布（EEC）No 2081/92 条例后，意大利通过颁布第 164/1992 号法律替代了第 930/1963

号法案，以符合欧盟规范。第164/1992号法律把葡萄酒地理标志区分为DOCG（Denominazione d'Origine Controllata e Garantita），DOC（Denominazione di OrigineControllata）和IGT（Indicazione Geografica Tipica）3种类型，对产品质量、特性的要求标准依次降低。2006年颁布的第82号法律对实施欧盟关于建立葡萄酒公共市场的规定进行细化。2010年颁布的旨在保护葡萄酒原产地和地理标志的第61号法令进一步修订了葡萄酒的地理标志保护体系。2016年意大利议会通过《葡萄酒加强法案》（Law No.238/2016，2017年1月实施），成为保护葡萄酒地理标志的最新规定。

除葡萄酒之外，1925年颁布的第2033/1925号皇室法令是意大利在20世纪上半叶保护奶酪地理标志的主要依据。1951年意大利作为成员国签署了旨在保护奶酪原产地名称的斯特雷萨公约，并于1953年通过第1099/1953号总统法令实施。第125/1954号法律正式奠定了奶酪名称和地理标志保护的法律基础和系统框架，界定了奶酪的原产地标识和经典标识。第125/1954号法律由次年的第667/1955和1269/1955号总统令进行实施，并于当年授予了一系列地理标志。除葡萄酒和奶酪以外，直到1970年后，意大利才开始对其他农产品的地理标志给予保护。第506/1970号法律、第507/1970号法律和第628/1981号法律分别对Parma火腿、San Daniele火腿和Berico-Euganeo火腿的原产地名称进行规范，且每一项法律都有具体的实施细则。1992年，意大利最后一项专门的地理标志保护立法出台，第169/1992号法律规定了对橄榄油原产地名称的保护。

意大利地理标志制度的运行以自我监督网络为基础。网络体系由内外两部分组成，内部网络包括生产者协会和经营者，外部网络包括政府管理机构、第三方机构和其他公共机构等。生产者协会自治是意大利地理标志制度运行中最重要的一个方面，在促进地理标志的持续发展、维持声誉等方面发挥重要作用。生产者协会由产业链中的厂商自发组织形成，但是根据法律需要得到农林政策部的认定。生产者协会的主要职责包括起草地理标志保护的申请，监督、检查和促进相关地理标志产品（由第526/1999号法律规定）。由于国际竞争、技术发展和环境变迁等因素会推动地理标志产品质量标准发生变化，因此生产者协会还在调整产品规格方面发挥重要作用。早在1954年，第125/1954号法律就规定生产者协会需要负责奶酪领域地理标志产品的生产和营销的监控。1997年的第256号部级法令赋予生产者协会监督原产地葡萄酒的职能。1999年颁布的第526号法律第14条界定了生产者协会的职能和限制，2010年第61号法律的第17条专门对葡萄酒领域的行业协会进行了规定。欧盟（EEC）No 2081/92条例第五条第一款规定只有团体或者符合一定条件的个人有资格申请地理标志。团体包括由同一农产品或食品领域的生产商和/或加工商组成的任何形式的协会，利益相关者也可以加入该团体。如果地理标志注册成功，在意大利国内范围还需要由生产者、协会和相关控制主体对地理标志的使用进行监督。

农林政策部和各个大区 / 自治省大会是意大利地理标志的主要监管机构。意大利负责地理标志注册的国家机构是农林政策部，并于 1997 年通过部级法令获得联合监督地理标志的职能。在意大利申请注册地理标志具体包括以下几个步骤：第一步，由生产者协会向地方政府相关部门提交申请；第二步，地方相关部门初步审查后将申请提交给农林政策部；第三步，农林政策部对申请进行审查，在审查过程中，相关的地理标志国家委员会会提供一定的咨询意见，最终将符合要求的申请递交到欧盟。地理标志产品质量和安全检查的内容主要涉及原材料、生产设备、包装设备和零售商等，主要由农林政策部与经济财政部的相关机构组成。农林政策部方面主要有农产品质量保护和反欺诈监管局（ICQRF）、国家森林部队和沿海港口执法部队等，经济财政部方面的组织主要是海关和反垄断局。其中，ICQRF 的前身于 1995 年建立，是意大利监督地理标志的中央机构。

各类国家委员会作为虚设政府机构在意大利地理标志制度中发挥重要作用，对申请欧盟地理标志的产品规格提供意见。第 125/1954 号法律建立了奶酪地理标志国家委员会，并向农业部报告，作为最高级别的机构，旨在促进奶酪领域各个相关部门之间的利益均衡。第 169/1992 号法律建立了一个与奶酪类似的油脂国家委员会。意大利通过 1965 年的总统法令建立了葡萄酒原产地保护国家委员会，委员会的意见对于是否授予地理标志至关重要，第 164/1992 号法律第 10 条和 2010 年第 61 号法令分别对该委员会进行了说明和重新界定。由于葡萄酒的产品特征和其在意大利的特殊地位，意大利还建立了专门的葡萄酒品尝委员会，1993 年通过第 28 号部级法令对地理标志葡萄酒的物理、化学和感官特征进行了规定，并明确了葡萄酒品尝委员会的工作。非营利机构在地理标志的技术服务、推广宣传和产业研究方面发挥重要作用。农业和食品市场服务研究所（ISMEA）于 1999 年通过第 419 号法令成立，主要责任是为农业企业和行业协会提供信息、保险和金融服务。农业研究和农业经济分析委员会（CREA）是意大利最主要的公益性农业食品研究机构，利用基因、生理和机器人等技术持续开展农业领域的研究，2000 多名员工中有一半为研究或技术人员。意大利地理标志协会联合会（AICIG）由农业部根据第 526/1999 号法律第 14 条确认成立，主要任务是促进地理标志产业的发展，推动不同行业协会之间的交流，支持农业部对相关地理标志国家政策的实施，跟踪地理标志产业的发展情况，所有由农业部认可的行业协会都可以成为该组织的成员。意大利葡萄酒名称保护联合会（Federdoc）于 1979 年成立，主要任务是为行业协会提供法律支持、促进相关领域的研究、落实政府部门的部分政策等。Assodistil 是烈性酒企业的联盟，旨在保护成员企业的利益和促进产业的发展。Qualivita 基金会于 2002 年在锡耶纳成立，是一家非营利的文化科学机构，创始成员包括 AICIG、Federdoc 等，主要任务是传播地理标志领域的知识，保证受到 PDO、PDI、TSG 保护的产品的质量。

第三方独立机构在地理标志的认证、检验方面发挥重要作用。1998 年意大利颁布的第 128 号法律第 53 条细化了欧盟（EEC）No 2081/92 条例关于检查结构的内容，规定地理标志产品的检验需要由独立机构完成［在（EEC）No 2081/92 条例出台前，意大利地理标志产品的检验是由协会实施的］。每一项注册的地理标志产品都必须有一个对应的农业政策部授权的检查机构，同一个机构可以同时负责多个产品，ICQRF 和地方相关政府部门对这些检查机构进行监督（第 526/1999 号法律的第 14 部分进行说明）。农林政策部作为国家机构保留协调检查检验活动的权利。成立于 1990 年的 CSQA 是一家认证和监管企业，专注于生物技术领域，由于欧盟第 765/2008 号条例要求每个成员国都有一个独立的认证机构，因此 2009 年意大利指定 CSQA 为第一个国家认证机构，获得农林政策部的授权对地理标志产品进行检查。意大利地理标志产品有相对完善的官方检查和执法体系。ICQRF 是意大利关于农产品反欺诈和质量保证的中央部门，下有 6 个实验室，超过 100 名技术人员，在产品检测方面发挥重要作用，其检查者具有司法警察的身份，是欧洲范围内农产品部门的主要司法警察力量。

二、有机标识

从 20 世纪 80 年代起，意大利与欧洲同步出现有机农业，主要是为了响应消费者对农产品质量的要求。20 世纪 90 年代，在具有深远意义的欧盟“共同农业政策”（Common Agriculture Policy，CAP）改革和对农业环境关注的双重影响下，有机农业迅速发展。

1991 年 6 月 24 日，欧盟（EEC）No 2092/91 法在官方期刊（22/07/91）上公布，该文件对有机农产品（包括食品添加剂）的生产，及有机农业的定义做了说明。同时公布的（EEC）No 2078/92 法，是为有机农业发展提供资金补助的法规。此外还公布了有机农产品商标法（EEC）No 331/2000 和有机畜牧业法（EEC）No 1804/99。

1. 检查机构

与其他欧盟成员国一样，意大利的检查机构可以是被确认资格的私人检查机构，也可以是农林部（Ministry of Agriculture and Forestry）或区域发展委员会（Regional Boards）提供的官方检查。但都必须执行 Decree No 220/95 法令：保障检查内容完整性，即涉及所有相关检查对象和农场主，检查掌握的规程和尺度保持一致；不管是技术方面还是经济方面，检查工作人员最好是稳定的，雇用有能力的大学毕业生或大专生；良好的办公设备（办公室、计算机和其他技术设备），至少在4个地区具有分支机构；根据欧盟标准UN45011，保障被检查文件完善，以及定期更新和修订。

2. 产业现状

意大利有机农业无论在面积上还是在农场数量上均处于欧盟首位。根据意大利农林部的信息，2000年有机农场数量为54 004个，其中49 490个为纯农业生产单位，1 330个同时兼顾加工，2817个为加工企业，67个为进口有机产品机构。由于67%的农业集中在意大利的南部和两个岛屿，有机农业在这些地区也相对发展得较多，占71%。该国2000年的有机农业面积为1 040 377hm^2，其中502 078hm^2已经认证，其余538 299hm^2处于转换期。由于意大利农业的历史渊源，有机农业重要组分还是谷类和牧场，但是，市场对果品（3%）、柑橘类（1.5%）和橄榄油（9%）的需求在增加，主要的加工产品是意大利通心粉、橄榄油和果酱。

第八节 欧盟农产品标签标识法规及标准

2006年，欧盟发布关于食品营养及健康声明的（EC）No 1924/2006条例。该条例已于2007年7月1日起正式实施，适用于在欧盟市场出售、供人类食用的任何食品或饮品。新条例的出台，旨在确保食品包装向消费者所提供的营养资料更加准确、可靠，以避免消费者产生误解。

欧盟的食品标签标准体系比国际食品法典（Codex）和我国的体系要复杂、完备。首先，在“横向”层次上，欧盟就有对于食品标签通用内容的法规，有价格标识、营养成分标识的法规；其次，在“纵向”层次上，欧盟有对于新异食品标签、特殊营养品（包括减肥和婴幼儿食品）的标签、牛肉食品的标签，以及葡萄酒、功能饮料、有机食品、可可和巧克力食品、糖、蜂蜜、果汁、咖啡、新鲜水果、蔬菜、肉、蛋等产品的标签的法规。这与我国为数不多的食品标签形成鲜明对比。欧盟的法规完善和复杂，能够较好地保护消费者的合法权益，保障食品安全，但在国际贸易中欧盟就容易利用标准和法规上的优势对中国的出口产品设置障碍。

欧盟有比较健全的农业标准化法律，对ISO、CAC等大多数是直接采用，其原因在于欧盟国家直接参与了上述国际标准的制定工作从而使国内标准与国际标准结合在一起。法国的农业标准化工作在欧盟具有代表性。法国从事农业标准化的机构有政府的，如法国消费部反诈骗质量管理处、生产交换局、国立农业研究院等；有民间的，如法国标准化协会，该协会设有农业、卫生和包装处，从事农业方面的标准化工作。该协会与法国农业部有密切合作关系，受农业部委托承担该部赋予的标准制定任务或在政府的支持下，承担ISO、CAC、欧盟等有关农业方面的标准制定任务。

随着欧盟 2000/13/EC 指令的推出，90/496/EEC 指令紧接着被颁布，完善了食品安全的法律法规。欧盟食品标识法规不仅突出了可追溯原则，还在一定程度上加强了对产品的保护。

欧盟积极推动有机农业的发展，加强对有机食品市场的规范化管理，从而保证农产品的质量安全，增强消费者信心。1991 年欧盟制定了关于有机农产品生产和标识的指令（EC）No 2092/ 91，对有机农业和有机农产品的生产、加工、标识、贸易、检查、认证及物品使用等全过程做出了规定。同时，为使消费者对有机农产品有知情权和选择权，防止假冒产品的侵入，欧盟于 1996 年通过了食品标签法令和广告法令，推行强制性的标签和广告法令。规定食物的标签必须包括食品的名称、食品构成的成分及百分比、净含量、最小有效期、保存条件、制造商的名称、地址、原产地等，规定食品的标签和广告禁止出现诸如健康声明的字眼，以避免误导消费者。在转基因食品的标签制度方面，欧盟规定得更加严格。最近的两项是 2003 年的第 1829 号和 1830 号法令。这两项法令规定，无论源自转基因生物的 DNA 或蛋白质是否存在，也无论转基因食品是否与传统食品“实质性相似”，只要食品包含“转基因生物”或由转基因生物制成，都要有特别标签加以标识明示，并且这两项法令提高了转基因成分含量的标准，从 1% 提高至 0.9%，有的甚至是 0.5%。

一、转基因农产品标识制度

和美国相比，欧盟对转基因作物和食品（GMO）采取谨慎批准态度。根据欧盟规定，转基因食品在包装上必须有转基因标识，即便是散装的转基因食品，也必须在食品旁设置标识信息。在欧盟国家，凡是使用转基因原材料的食品不论其比例高低，均须标识。

1. 转基因产品法规概况

2003 年 10 月 18 日，欧盟颁布了两项有关转基因食品标识的法规，即《转基因食品及饲料条例》（EC）No 1829/2003 及《转基因生物追溯性及标识办法以及含转基因生物物质的食品及饲料产品的追溯性条例》（EC）No 1830/2003。这两项新法规于 2003 年 11 月 7 日开始生效。其中（EC）No 1829/2003 条例规定对转基因成分含量大于 0.9% 的食品进行标识，管理更趋严格。欧盟还坚持对转基因产品从农田到餐桌中的各环节进行标识，保证转基因产品的可追溯性。

2. 转基因产品的可追溯性和标签

转基因食品标签的新规定从 2004 年 4 月起，欧盟开始执行有关转基因食品标签的新规定。这项规定是世界上同类规定中最为严格的，它要求凡含有转基因成分超过 0.9% 的食品都要贴上标签，以确保消费者有充分的知情权。该项规定同样适用于饲料和动物食品。该规定还确立了备案制度，要求能跟踪转基因产品的来源及流向，并要求将产品的产地、成分和去向等资料保存5年。

涉及GMOs及由GMOs生产的产品的可追溯性和标签的法规规定追溯将贯穿整个食物链。此措施有两个主要目的：一是通过此类产品的这种形式的标签告知消费者；二是基于这些产品在生产和投放市场的所有阶段的可溯源性建立一个安全网络。此安全网络将有助于监测和检查标签上的营养声明，对人类健康和环境有潜在影响的因素进行针对性监督，发生对人类健康和环境确有无法预料的风险的时候将产品召回。

该法规涉及了GMOs作为产品或产品成分的可追溯性，它包括种子以及由GMOs生产的食品或饲料产品。它并不排除现有涉及产品可溯源性和标签的严格的法规的应用。

在标签方面它包括了所有由GMOs生产的食品，对含有DNA（脱氧核糖核酸）或染色体基因转变和含有GMOs衍生来的蛋白质成分的食品没有进行任何区分。关于GMOs的旧法规只包括DNA中含有痕量GMOs的食品。而该新法规包括了所有转基因饲料，与食品一样受到保护。所有根据这个未来的法规的被批准的产品应该加贴强制性标签；使得消费者因此对转基因产品标签了解更多的信息，无论该产品是供人类还是动物消费。

产品中痕量的GMOs（外来的或是技术上不可避免的），如果其含量不超出0.9%的限量，将继续不受标签要求的规定。

而且，法规规定对于由GMOs组成或含有GMOs的预包装产品投放市场时，在所有生产和分销环节上，经营者保证写有“该产品含有转基因成分”或“该产品由某种转基因产品生产”字样的标签贴在产品上。对于大而无包装并且不能贴标签的产品，经营者必须确保此信息随着产品传递。比如，可以附有相关文件说明等。

法规通过对现行法规进行修正或废止立法协调了不同的有关GMOs标签的法规。它修正了关于新食品和新食品成分的（EC）No 258/97条例和关于由转基因玉米和大豆生产的某些食品加贴强制性的标签的（EC）No 1139/98条例。此外，它废止了有关含有转基因的添加剂和调味剂的食品及食品配料标签的（EC）No 50/2000条例，自2006年4月28日起生效。

外来的GMO限量不能排除传统作物中有外来的GMOs。可以假设很微量GMOs由于在种植、采收、运输和加工过程中偶然情况或者技术上不可避免的污染被引入到传统食物或饲料中去。本条例中外来的GMOs是一个关注的要点。这种“污染”的GMOs的限量定为0.5%，被认为是科学的和可以接受的。

转基因产品的唯一标识符：转基因产品（GMOs）由专门的代码来标识，类似于一种条形码。这种代码被称为“唯一标识符”，它能够在产品标签上容易地识别特定的GMO。代码是统一的并由字母和数字组成，能精确识别每种产品类别。

二、北欧食品 Keyhole 标签系统

北欧消费者在购买食品时往往没有时间阅读食品标签，难以理解标签提供的信息。为了让消费者通过标识快速、轻松地寻找和选择更健康的食品，Keyhole 标签应运而生。瑞典是实施 Keyhole 标签系统年限最长的国家。1989 年以来，瑞典食品管理局（Swedish Food Agency）一直致力于推行和监督标签系统。由于北欧人民的饮食习惯相同，都面临同样的营养健康问题，从 2007 年开始，在北欧国家理事会的支持下，瑞典食品管理局批准丹麦、挪威使用 Keyhole 标签系统。据调查，超过 90% 的北欧消费者认识该标签。北欧国家理事会对 Keyhole 标签的图形、作用、适用范围、宣传口号和正确用法进行统一规定。第一，标签采用总结指示体系，用锁孔图标概括食品营养成分的总体信息，不展示具体的营养成分及其含量等信息。标签由白色 Keyhole、绿色圆圈或黑色圆圈、白色符号、白色边缘线构成。第二，标签的作用以北欧国家居民膳食指南、营养健康知识和评价标准为支撑，贴标的产品意味着产品中的盐、糖、脂肪和纤维含量均衡健康，至少符合更少但更有益的脂肪、更少的糖和盐、更多的膳食纤维、全谷物中的一个标准。第三，包装食品或未预先包装的马铃薯、根茎类蔬菜、水果、浆果、面包、奶酪、水产品、未经加工肉等食物都可直接标示 Keyhole 标签，但 36 个月以下儿童的食品、含有甜味剂或植物甾醇酯的食品（软饮料、糖果、蛋糕等）除外。生产商可以在《关于自愿标示 Keyhole 的规定》中找到可标识的食物。第四，设计 Keyhole 标签口号“轻松做出健康选择（Healthy Choices Made Easy）”，旨在强化标识，提高知名度，加快食品生产商、零售商、消费者对 Keyhole 标签的熟悉程度。第五，于 2009 年出版了《预包装食品 Keyhole 标签的设计手册》，拥有丹麦语、瑞典语、挪威语等 14 个语种版本，规定了 Keyhole 标签的正确用法。

除了北欧国家理事会的统一规定外，各个国家可灵活地开展标签系统的推广和宣传。在瑞典，标签系统针对全体消费者，为提高他们的使用率，瑞典食品管理局完善标签评价标准，扩大标签适用范围，到 2014 年，至少有 2 500 种包装产品实施标签，包括肉类、香肠等 550 种肉制品，以及蔬菜、豌豆、蚕豆和其他蔬菜等 420 种蔬菜包装产品及 240 种面包产品，且标有标签的食品在任何商店都可以购买。此外，从 1992 年开始，标签系统应用于餐馆菜单，到 2009 年，共有 300 家餐厅菜单显示标签。

在丹麦，标签系统主要针对 30 岁及以上女性消费者。作为推行和监管机构，丹麦兽医和食品管理局采用线上、线下两种方式宣传，线上主要来自官方网站（www.noeglehullet.dk）、

30s 电视广告、Facebook 社交网络服务网站等的宣传，线下主要有新闻稿与行业协会的通讯报道、报纸和杂志广告、各种会议演讲、食品博览会演讲等多形式的宣传。最有特色的是，丹麦兽医和食品管理局组成 15 人的行动小组作为 Keyhole 标签宣传大使，在全国各地宣传更健康的饮食。到 2014 年，标签已至少应用到 500 种食品。跟瑞典一样，2012 年 1 月 31 日，丹麦将 Keyhole 标签应用于餐馆菜单，并发布了 Keyhole 标签的午餐菜单和小吃菜单，而且还开展食堂和餐厅的 Keyhole 认证以及资讯科技服务建设与管理。

在挪威，标签系统面向全体居民。为促进消费者对 Keyhole 标签产品的购买，挪威食品安全局作为推行和监管机构，引导零售商降低 Keyhole 标签产品价格；为提高学生群体对标签的理解和认识，挪威学校开展宣传教育，演示 Keyhole 标签的使用方法和健康饮食途径。据官方统计，到 2014 年，挪威至少有 500 种产品标示了 Keyhole 标签。

三、有机食品标签

关于有机食品进口的法规，欧盟理事会《关于农产品和食品的有机产品及其标识的规则》（EEC）No 2092/91 是欧盟关于有机产品生产、加工、标识、标准和管理的基础性法规。修订后的规则规定，2005 年 12 月 31 日后出口到欧盟的有机产品，只能通过政府间互认协议的方式，即只有列入欧盟“第三国”名单的国家的产品才能出口到欧盟。目前进入欧盟“第三国”名单的只有 6 个国家。2005 年 9 月下旬，欧盟又通过新决议，推迟执行该项法规至 2006 年年底。

经过听证，欧盟委员会于 2018 年 4 月 19 日讨论欧盟有关有机农产品及标识的新法规，以 466 票支持、124 票反对、50 票弃权通过该法规。该法规的目的是为欧盟生产者和消费者提供清晰明确的法规保障，提升有机食品的质量以及满足日益增长的市场需求。

自 2014 年 3 月欧洲理事会提议相关改革方案，因未能满足内部成员与欧盟有机部门的要求，随后展开了一系列协商。其中有关新生物标准的条款对小型种植户提出了更严格的质量要求和最简易的认证步骤。有关农药污染的问题一直未能谈判成功，因为欧盟各国对有机食品中未经批准的物质有一定门槛要求，可以继续沿用这些标准，但也应当批准其他欧盟国家农产品的市场准入。

从 2018 年下半年开始，约有两年半时间来修订有关有机农产品及标识的新法规，并于 2021 年 1 月 1 日开始生效。从 2018 年 7 月起开始修订该法规，至 2019 年上半年初步形成管控条例，2019 年下半年形成有关标签的法规，至 2020 年上半年形成欧盟对第三世界国家的销售与进口条例。

四、致敏性食品标签

欧盟《致敏性食品标签指令》（2003/89/EC）规定，所有欧盟成员国从2005年11月25日起禁止销售不符合标签规定的产品，食品销售商须在产品标签上列出所有成分。为实施这一指令的要求，2004年3月，欧盟进一步修订《致敏性食品标签指令》，要求食品标签必须列出多种致敏成分。该指令还列出包括含麸质谷物、鱼、甲壳动物、蛋、花生、大豆、奶及奶类产品（包括乳糖）、果仁、芹菜、芥末、芝麻及亚硫酸盐等12种可引起过敏反应的食品成分，这些成分必须在食品标签中列明。此决定将在一定程度上影响其他国家对欧盟的农产品出口。欧盟委员会于2014年12月13日颁布的新食物标识法（EU）No 1169/2011是目前为止最为完善的食物标识法规之一，其针对食物过敏原标识管理进行了两处修订：其一，对于预包装食物，食物过敏原不但要在配料表中标注，还要通过诸如字体字号、背景颜色等方式来突出显示以明确区分于其他配料成分；其二，对于散装食物、直接售卖或预定的食物，过敏原信息也应强制性标示。

（一）管理机构

欧盟对于食品过敏原标识有相应的管理机构，主要由欧盟委员会和欧盟食品安全局（European Food Safety Authority，EFSA）两个机构负责。其中欧盟委员会负责食品中过敏原标识的立法，拟定食品过敏原标识法规后，由其下属机构健康和消费者保护总司负责法规的颁布和管理，如监督各地区对食品致敏法规的执行情况、监管食品链中食品过敏原标注情况等。EFSA是独立于欧盟委员会的机构，它主要负责与消费者就食品安全问题直接对话和建立成员国之间的食品卫生和科研机构的合作网络。EFSA下属与食品致敏有关的机构为特殊膳食、营养和过敏专业科学小组，该小组对各种过敏原进行科学评估，并将评审结果提交给欧盟委员会作为修订相关法规的依据。

欧盟委员会与EFSA在管理食品过敏原方面相辅相成。2003年，欧盟委员会发布指令2003/89/EC，最重要的修改是在指令2000/13/EC中增加了附录Ⅲa，其中列出了常见的12类致敏物质，并指出"将在科学的基础上对附录Ⅲa实施动态、科学的管理"对此，欧盟委员会鼓励食品生产者及其他科研机构开展科学研究，并向其提交免除某些食品成分标示规定的申请，同时委托特殊膳食、营养和过敏专业科学小组对这些过敏原成分进行全面的科学评估。特殊膳食、营养和过敏专业科学小组于2004—2007年，分别对已有的12类过敏原进行了再审并增加了对羽扇豆、软体动物的致敏性评估研究，进而促成了欧盟委员会对指令2000/13/EC先后5次修订，其中包括将羽扇豆、软体动物纳入需要标注的致敏清单，增加免于强制性标识的物质豁免清单等。EFSA以保护消费者利益为本，将消费者的致敏情况反映到评估报告中，并反馈给欧盟委员会，欧盟委员会以此为依据进行立法，从而更好地保障欧盟消费者的健康安全。

（二）形成过程

欧盟食品中过敏原的标识管理是食品标签管理的一项内容，其中《关于成员国统一食品标签、说明及宣传的指令》（2000/13/EC）是食品中过敏原标识立法的基础，指令 2003/89/EC、2005/26/EC、2007/68/EC 等过敏原相关的法规都是建立在特殊膳食、营养和过敏专业科学小组的风险评估的基础上对指令 2000/13/EC 进行的修改。指令 2000/13/EC 及其修订指令是欧盟唯一涉及食品中过敏原标识管理的法规。

由于指令 2000/13/EC 中并没有对食品中过敏原标识问题作出规定，为了保障过敏患者的安全，2003 年，欧盟议会和理事会发布指令 2003/89/EC，首次规定食物中致敏成分必须标注，并创造性地增加了附录Ⅲ a，其中列出了 12 类必须标识的可能造成食品过敏和不耐性的成分和物质清单。

并非所有源自食物过敏原的物质成分或产品都具有致敏性，如作为食品原料时致敏性成分在加工过程中可能被改性或经历蛋白质分解从而丧失致敏性。对此，欧盟委员会鼓励食品企业、科研机构开展相关研究，就某些食品成分不会引起易感人群发生不良反应提交免除标签标识的申请，由 EFSA 下属的特殊膳食、营养和过敏专业科学小组对这些申请进行研究论证。2004 年，EFSA 对 27 个关于 34 种成分或产品的豁免申请进行了科学评估，并最终给出了评估意见，虽然认可含某些成分的产品不可能或不完全可能对敏感个体造成不良反应，但并无定论。因此，欧盟委员会于 2005 年颁布指令 2005/26/EC，在指令 2000/13/EC 的附录Ⅲ a 中增加了食品成分的临时豁免清单，给出了 8 类可暂时免于强制性标签标识的物质豁免清单。

2005 年 10 月 3 日，欧盟委员会颁布指令 2005/63/EC，将用于制备类胡萝卜素的鱼胶增加为豁免物质，进一步丰富了指令 2000/13/EC 的附录Ⅲ a 中临时豁免清单。同年，EFSA 发布《关于羽扇豆标注的评估意见》，并指出羽扇豆可直接导致过敏反应，且可与花生存在高风险的交叉污染；2006 年，EFSA 在《关于软体动物标注的评估意见》中提出，软体动物中的过敏原为原肌球蛋白，与甲壳类动物中的致敏性蛋白一致，因此存在着交叉致敏的现象。同年 12 月，欧盟委员会根据上述两份评估意见颁布指令 2006/142/EC，将羽扇豆和软体动物增加到指令 2000/13/EC 附录Ⅲ a 的清单中。

由于指令 2005/26/EC 制定的是临时豁免清单，有效期到 2007 年 11 月 25 日，为了保证法规的延续性，欧盟委员会颁布指令 2007/68/EC，对指令 2000/13/EC 进行了第 5 次修订。新的致敏清单中明确了豁免规定，并规定了 5 类物质可永久性免除标注标签。指令 2000/13/EC

（2007 年修订版）是建立在科学评估的基础上对旧法规进行多次修订和整合的结果，更能保护消费者的利益，也顺应了食品行业相关人员的需求。

另外，为了保障麸质不耐受人群的健康安全，欧盟委员会于 2009 年制定了法规（EC）No 41/2009，该指令对麸质不耐受人群可用食品的成分和标签作了相关规定，只有麸质含量低于 20 mg/kg 的食品，才允许在其标签上标示“无麸质”；麸质含量低于 100 mg/kg 的食品，则可以在标签上标示“含微量麸质”。

综上所述，欧盟食品中过敏原的标识法规是处于不断修订的过程。从 2003 年开始至今，欧盟委员会在 EFSA 的评估意见下，对食品过敏原标识的管理指令 2000/13/EC 先后进行了 5 次修订。由于指令 2000/13/EC 主要是针对预包装食品，对散装食品没有规定，为了进一步适应欧盟法规（EU）No 1169/2011 的要求，欧盟指令 2000/13/EC（2007 年修订版）于 2014 年进行第 6 次修订，修订内容囊括散装食品的标识要求。

（三）标识管理

欧盟把食品过敏原的来源分为两种进行管理，一种是有意加入的过敏原，如将过敏原成分作为食品成分或配料加入食品中；另一种是无意带入的过敏原，主要指因交叉污染带入的过敏原。欧盟颁布了相关法规分别对这两种情况进行管理，并对标识方式进行了规定。

1. 食品原料中过敏原的标识管理

作为食品成分或配料有意加入食品中的过敏原物质的标识管理主要依据指令 2000/13/EC 的最新修订版。该指令是在 EFSA、科研机构及食品企业的共同推动下进行多次修改和完善形成的，分别对需标注的致敏物质种类、豁免物质种类及标注方式进行了规定。

（1）致敏物质清单

欧盟要求强制性标注的食品过敏原有 14 类，包括：

①含麸质的谷类（小麦、黑麦、大麦、燕麦、斯佩尔特小麦、卡姆特荞麦或其杂交品种）及其制品；

②甲壳类动物及其产品；

③蛋类及其产品；

④鱼类及其产品；

⑤花生及其产品；

⑥大豆及其产品；

⑦乳及其产品（包括乳糖）；

⑧坚果（杏仁、榛子、胡桃、腰果、美洲山核桃、巴西坚果、阿月浑子的果实、澳大利亚坚果和昆士兰坚果）及其制品；

⑨芹菜及其制品；

⑩芥菜及其制品；

⑪芝麻及其制品；

⑫浓度（以二氧化硫计）超过 10 mg/kg 或 10 mg/mL 的二氧化硫或亚硫酸盐；

⑬羽扇豆及其制品；

⑭软体动物及其制品。

（2）豁免清单

由于某些过敏原用量少，致敏性弱，根据 NDA 小组的评估意见，欧盟委员会确定了 5 类得以部分豁免标识的致敏物质（表 5）。

表 5　豁免清单

序号	致敏物种类	得以部分豁免的物质
1	含麸质的谷类（小麦、黑麦、大麦、燕麦、斯佩尔特小麦、卡姆特荞麦或其杂交品种）及其制品	①小麦基葡萄糖浆，包括右旋糖； ②小麦基麦芽糊精； ③大麦基葡萄糖浆； ④用于生产蒸馏酒精或食用酒精的谷类
2	鱼类及其产品	①用作维生素或类胡萝卜素载体的鱼胶； ②用作啤酒或葡萄酒中澄清剂的鱼胶或明胶
3	大豆及其产品	①精炼的大豆油脂； ②从大豆中提取的天然维生素 E（E306）、天然 *D*-α- 维生素 E、天然 *D*-α- 维生素 E 酯、天然 *D*-α- 维生素 E 琥珀酸盐； ③从大豆中提取的源自植物甾醇类和植物甾醇类酯的植物油； ④从大豆中提取的菜油甾醇中产生的植物甾烷醇酯
4	乳及其产品	①用于生产蒸馏酒精或食用酒精的乳清； ②乳糖醇
5	坚果（杏仁、榛子、胡桃、腰果、美洲山核桃、巴西坚果、阿月浑子的果实、澳大利亚坚果和昆士兰坚果）及其制品	用于生产蒸馏酒精或食用酒精的坚果

资料来源：王梦娟，李江华，郭林宇，等 . 欧盟食品中过敏原标识的管理及对我国的启示 [J]. 食品科学，2014，35（1）：261-265.

（3）标识方式

欧盟委员会针对有意加入的食品过敏原的标识方式进行了统一的规定，推荐如下两种方式进行标注：

①紧跟成分后标注“包含 ×× 过敏原”；

②在配料表后清晰提及过敏原种类的名称。

2. 交叉污染引起的食品过敏原标识管理

非常微量的过敏原也可能引起严重的过敏反应，欧盟对于交叉污染的管理很重视。在实际生产过程中，出于成本等因素的考虑，食品 A 和食品 B 可能会共用一条生产线。如果 A 或 B 中有一种是食品过敏原，则很容易在生产线中残留，且很难通过清洗生产线等简单的程序来彻底消除的，微量的过敏原则会被间接带入另一种食品中。欧盟对交叉污染食品过敏原的管理包括制定相关法规减少过敏原残留及进行标识管理以警示消费者。

（1）欧盟及成员国食品中过敏原交叉污染管理法规

欧盟早在 1994 年就颁布了《含过敏原食品的生产和控制的特殊要求》，规范生产线中含过敏原食品的生产过程，其成员国也陆续出台相应的生产控制指南以降低交叉污染的影响。另外，为了规范因交叉污染引起的过敏原标识问题，芬兰于 2005 年颁布了《受交叉污染影响的食品中过敏原警示标示指南》，创造性地提出了关于过敏原的推荐性声明，随后英国也颁布了《过敏原管理和消费者信息指南》，进而引导消费者关注交叉污染引起的过敏原信息。

（2）欧盟及成员国标识方式

因交叉污染引起的需要标识的食品过敏原的种类及豁免物质的种类均遵循指令 2000/13/EC（2007 修订版），但对于标识方式，欧盟并无统一标识语，各成员国有不同的标注形式。英国在《过敏原管理和消费者信息指南》中推荐使用的标识方式有如下 3 种形式：可能含有 ×× 过敏原；不适合对 ×× 过敏原过敏的人群；×× 食品的生产线也用于生产 ×× 过敏原。无论是哪一种标识方式，都对消费者起到了警示的作用，更有力地保障了消费者的食用安全。

五、地理标识

欧盟成员国较多，且遍布着各种各样的农产品、食品等，各国也都有自己的特色产品，所以地理标志产品的数量很多，目前总计有超过 1 200 种农产品和食品名称已经注册为欧盟地理标志产品（包括原产地保护和地理标志保护）。同时各成员国都十分注重对本国地理标志的保护，因此欧盟的地理标志保护机制相对比较完善。欧盟对于地理标志的保护主要分两大类：一是对葡萄酒及烈性酒的地理标志保护；二是对酒以外的食品、农产品的地理标志保护。欧盟对于地理标志的保护主要是以条例而非指令的方式进行，而条例相较于指令来说，更加具体、完备，实施起来也更加方便。欧盟关于农产品及食品的地理标志的保护条例主要有两项，包括《关于保护农产品和食品的地理标志和原产地名称的条例》（EEC）No 2081/92以及《关于保护农产品和食品地理标志和原产地名称的条例》（EEC）No 510/2006，其中（EEC）No 510/2006是欧盟目前地理标志产品保护的主要依据条例。

1. 内涵

根据《TRIPS协议》规定，地理标志是在具有特定地理来源并因该来源而拥有某些品质或声誉的产品上使用的标志，是辨别某商品来源于世界贸易组织某成员境内或该成员境内的某特定地区的标记。现行欧盟地理标志具有5方面含义。

（1）地理标志是一项排他性的集体产权，需要专门制度保护

地理标志表明产品质量与其地理信息密切相关，是多年该区域的农场主投资经营获得的无形资产。它是特定区域的排他性权利，是在该区域进行经营活动的集体权利，具有极高的经济价值。因此，在中小农场主占主体的欧洲，对地理标志保护是一项公共政策。

（2）地理标志是农产品营销的重要手段

随着生活水平的提高，消费者越来越关注农产品的质量和营养安全。农产品属于信任产品，地理来源代表着质量和声誉，能降低消费者购买的信息成本，并使消费者愿意为这些产品支付更多费用。因此，地理标志可以有效解决信息不对称和搭便车问题，消费者也能够区分产品是否具有地理来源特性。

（3）地理标志是农村发展的重要政策工具

欧盟农产品的高质量声誉源于对地理标志保护的传统。由于地理标志与区域发展密切相关，地理标志已经成为欧盟促进乡村振兴的重要举措。使用地理标志的权利通常属于区域内的生产者，地理标志产生的附加值也为生产者所有。地理标志产品产生品牌溢价往往会为当地创造就业机会，防止农村人口外流和老化，同时促进乡村产业的多元化，并在旅游和美食领域进行拓展。地理标志还有助于创造“区域品牌”，促进边远山区和落后地区的发展，有效解决农村贫困问题。

（4）地理标志是增强农业价值链重组、农村发展可持续性的重要抓手

要成为欧盟的地理标志，最重要的是要证明产品品质声誉与地理位置具有直接的依存关系，并通过产品规格和技术标准的规定加以证明。具有历史传统的优质农产品是生产者与大自然和谐相处的结果，通过农业共同政策的引导和支持，中小农场主将提高其在农产品价值链中的地位，更好地采用环保技术，减少资源消耗和二氧化碳的排放，增强农业农村发展的可持续性。

（5）地理标志是保护传统知识和传统文化的重要工具

地理标志识别的产品通常采用社区代代相传的传统工艺流程。通过地理标志来识别的某些产品包含着特定区域内形成的传统艺术遗产，是传统文化展示的典型元素。

2. 分类

根据《关于保护农产品和食品地理标志和原产地名称的条例》（EEC）No 2081/92，欧盟将农产品地理标志分为 3 类。

（1）原产地名称保护标志

原产地名称保护标志（PDO）的产品品质或其他特征主要归因于该特定地理区域的环境（气候、土壤、人文知识）；全部生产环节要在特定区域完成；原产地与产品特征有直接客观的联系。

（2）受保护的地理标志

受保护的地理标志（PGI）要求产品生产、加工或准备的某一阶段发生在该特定的地理区域；一些产品特征与产地有直接联系，包括声誉等特征。

（3）特色农产品标志

特色农产品标志（TSG）代表的农产品严格意义上说不属于《TRIPS 协议》规定的地理标志范畴，是欧盟制定的质量计划的一部分，是为了保护传统的配方和技艺，不要求产品特性与地理位置具有密切客观的联系。该标识表示传统特色产品的传统特征，即独特的口味、原料来源、传统配方或者传统的生产工艺等。欧盟的农产品地理标志以原产地名称保护标志（PDO）和受保护的地理标志（PGI）为主。

3. 发展情况

（EEC）No 2081/92 条例实施以来，各类农产品地理标志注册稳定增长，由 1996 年的 100 例增加到 2018 年的近 1600 例，增加了 8 倍多。注册申请主要集中于 PDO 和 PGI，二者占比超过 96%。可以看出，欧盟地理标志获得者集中于南欧和西欧等具有地理标志保护体系传统且保护体系较为完善的成员国，法国、德国、希腊、意大利、西班牙和英国 6 国的注册申请占总申请的 96%（数据时间截至 2018 年）。

从农产品类型来看，欧盟地理标志申请集中于蔬果及谷物、肉制品和奶酪 3 大类农产品，蔬果类增长迅速。在各类农产品的注册中，PGI 注册成为主要注册类别，稳步增长。可以看出，葡萄酒地理标志获得者集中于传统葡萄酒生产和消费大国，例如，意大利、法国和西班牙。东欧国家近几年注册数量显著增加。PDO 在酒类注册中占据主要地位。

六、营养标签

1. 管理机构

欧盟食品标签管理机构主要包括欧委会健康和消保总司、食物链及动物健康常务委员会和欧洲食品安全局。欧委会健康和消保总司与各成员国主管机构共同协商制定食品标签有关的立法，而有关法律的实施则由各成员国的主管机构及其分支机构负责。食物链及动物健康常务委员会分设八个专门委员会，有一定立法权限，包括食品标签在内的食品安全措施。其中特殊膳食、营养和过敏专业科学小组负责对食品营养声称、健康声称和广告等提供科学意见。欧盟食品标签横向法规适用于多种食品的标签通用要求，欧盟食品标签纵向法规针对特定食品的标签法规。欧盟的食品标签法规通常是指令（directive）和法规（regulation）两种形式。

2. 通用要求

（1）食品

欧盟 2000/13/EC 是对食品标签的通用要求，该指令规定，食品标签必须标注的内容包括：食品名称、配料表、净含物 / 沥干物、厂商名址、保质期、保存条件、食用方法、豁免要求。理事会指令（90/496/EEC）及其修正案（2003/120/EC），以及（EC）No 1924/2006 号法规是对食品营养标签的基本要求。营养标签适用于除了天然矿泉水或其他水和强化食品或补品以外的所有市场上的食品的营养标签。规定如果营养声称以展示或广告的形式出现在标签上，则营养标签具强制性。规定了蛋白质、碳水化合物、脂肪等物质的量和热值的标示方式。如营养声明中涉及了糖、醇和 / 或淀粉，那么在标出碳水化合物之后还应分别标出各自的含量。如营养声明中涉及了脂肪酸的含量、类型和 / 或胆固醇的比例，那么在标出总脂肪之后还应分别标出饱和脂肪、单不饱和脂肪、多不饱和脂肪以及胆固醇的含量。一般情况下，上述营养物质以及维生素和矿物质的标识要求是非强制性的。（EC）No 1924/2006 法规对食品的营养和健康声明进行了比较全面的规范，规定了允许的营养声明。79/112/EEC 指令的第 7 条对标签上成分含量声明标示有粗略的规定，1997 年，修订时规定了需要强制标示成分含量声明的情况。新的欧盟消费者食品信息法法规（EU）No 1169/2011 于 2016 年 12 月 13 日起生效，其中主要变化为：大多数预先包装的加工食品需要某些营养信息；添加来自猪、绵羊、山羊和家禽的鲜肉的强制性原产地信息。

（2）牛肉

2000 年，欧洲议会和欧盟理事会共同制定（EC）No 1760/2000 法规，建立了识别、登记活牛以及牛和牛肉产品标签体系，提出肉类包装标签的强制性要求。新规定对“肉”的概念进行了严格定义。食品中含有的脂肪与动物下水必须在标签中详细说明。标签中要将食品中肉类来源动物的种别加以说明。受此规定影响的产品主要是香肠、馅饼、煮肉、盘装食品、罐头等肉类食品及其包装。

（3）鸡蛋

从 2004 年 1 月起，欧盟要求所有鸡蛋（包括进口鸡蛋）销售必须加贴强制性标签，欧盟生产的鸡蛋要有编码显示来源。为配合《动物福利法》，欧盟还要求欧盟生产的鸡蛋的标签上标明生产方法是“自由放养”还是“笼养”，以保护蛋鸡，这意味着生产过程也成为交易条件。目前在德国鸡蛋已经可以追溯到饲养场或鸡笼。

（4）鱼类

有关鱼类的标签规定：鱼类的标签规定要求，特定的鱼类和水产品出于商业目的出售给消费者时要加贴标签，标签内容包括：鱼种类（鳕鱼、大马哈鱼等）、生产方法和捕捞日期或原产国。

七、法规体系

（一）概念

1994 年，欧盟理事会通过《包装和包装废弃物指令》（94/62/EC），将“包装”（packaging）定义为“一切用来盛装、保护、掌握、运送及展现货品的消耗性资源”，包括糖果盒、塑料袋、直接与商品系在一起的标签等。我国《包装资源回收利用暂行管理办法》规定，包装是指以可回收复用的纸、木、塑料、金属、玻璃为原材料制作的各种包装容器及辅助材料。在我国《农产品包装和标识管理办法》中，农产品包装是指对农产品实施装箱、装盒、装袋、包裹、捆扎等。标识是包装的必要组成部分，它包括产品的相关信息，是在包装物上标注或者附加标识标明品名、产地、生产者或销售者名称、生产日期的部分，与标签（label）属于同一概念。

食品包装属于专用包装范畴。食品包装、标识的作用是盛装、保护、掌握、运送及展现食品，具体表现为：使食品免受污染；便于搬运、运输；广告宣传；给予消费者准确的信息，维护消费者权益；是贸易保护的重要措施。合理采用包装材料和容器，规范、正确、适宜地使用产品标签是产品进入欧盟市场的首要条件。欧盟对进口食品的包装、标识有严格的规定，它是重要的技术性贸易措施，在贸易中发挥着重要作用。

（二）意义

1. 合理利用资源、杜绝浪费和避免污染

在包装立法之前，欧盟生产厂商选用包装材料没有限制，一度存在包装的滥用问题。欧

盟《包装和包装废弃物指令》明确提出立法的目的是“防止包装废弃物的形成和提高包装品的再生利用率”，从法律上明确和规范了包装的定义和种类，对生产经营者行为提出了要求，保证了包装资源的合理利用。目前，欧盟对食品包装的总体要求已向环保化转移，要求食品包装注重环保、安全和节约，“绿点标志”“可重复使用”“可再生利用”“含再生材料”等包装标志的规定都要求食品包装废弃物不得造成环境污染。欧盟要求成员国从2007年1月1日起，旧包装的回收率达到65%，回收垃圾的60%要用来生产能源，其中塑料包装为20%、金属50%、废纸和纸筒55%、玻璃60%。

2. 保护消费者权益

近年来，欧盟的有关法规越来越细致和严格。欧盟规定，食品标识要做到易辨认、清楚和准确。为避免包装材料中的有害成分转移到食品上而引发不良食品安全事件，欧盟规定，企业必须采用安全的包装材料和技术。欧盟制定的《健康、营养标准及规定》食品包装要体现食品健康及营养标准的要求，要有明确的说明及公司证明，必须标明食品的能量指标和蛋白质、碳水化合物、脂肪、糖等的含量，某些成分达到一定量之上则须提供其含量。对标明食品添加剂含量的标签实行严格管理，标识必须按成分重量的顺序列出所有成分。欧盟对进口食品包装的要求也越来越高。尽管一些产业组织怨声载道，但欧盟仍坚持把保护消费者的健康安全作为第一要务。

3. 有利于食品工业和食品包装业的健康有序发展

“民以食为天”决定了食品工业在各国经济中的重要地位，从而也决定了食品工业和包装工业在21世纪仍然是朝阳工业。食品包装业的发展直接关系到食品工业的发展。目前一些错误的标签描述出现了很多新的形式。对食品不恰当的描述，对消费者来说是欺骗，对诚实经营的企业则会构成不公平竞争。1993年，欧盟制定了欧盟的包装准则，规定利用包装夸大真实的内装物容量的行为属欺骗行为，要接受法律制裁; 标签、广告及说明不应误导消费者等。一系列的法律法规引导着欧盟食品工业和食品包装业向着健康有序的方向发展，有利于形成健康的食品包装市场环境。

（三）立法管理

1. 立法和管理机构

欧盟委员会和欧洲理事会是食品安全卫生的立法机构。欧委会负责起草和制定法律法规、食品安全卫生标准、各项委员会指令，如委员会法规、食品安全白皮书，它还负责受理各种投诉、事件调查和处理，可以向成员国政府和法人发出正式函件，要求限期改正，如成员国拒不执行，欧委会可提交欧洲法院审理。理事会则负责制定食品卫生规范要求，以欧盟指令或决议的形式发布，如理事会指令。这两个部门只负责立法，而不具体执行。食品标准的制修订由欧洲标准化委员会的技术委员会负责。

目前，欧盟的食品安全法律包括指令和法规两种。指令必须在成员国范围内实施，属于指令范围的产品必须满足指令要求，否则不许销售。而法规只在各成员国内单独适用。从20世纪90年代开始，德国、荷兰、比利时等发达国家纷纷立法对商品包装和包装废弃物进行严格管理和限制。为统一和协调各国法律，1994年12月，欧盟理事会通过了《包装和包装废弃物指令》，要求各成员国根据本国情况，建立相应的包装品管理体系，以提高包装品的回收和再利用率，并要求各成员国分阶段实现目标。

2. 包装管理

以下通过对食品包装材料，以及包装、标识要求方面的法律法规内容的描述来对欧盟的食品包装和标识管理情况进行概述。

（1）允许使用和禁限用的包装接触材料

欧盟规定了10大类20余种可使用的包装材料，包括纸类、塑料、木材、编织物、金属等。欧盟禁止或限制使用某些原始包装材料，如木材、稻草、竹片、柳条、麻等；在包装辅料方面，禁止或限制作为填充料的纸屑、木丝，作固定用的衬垫、支撑件等，要求使用辅料要先消毒、除虫；限制使用热固型塑料包装材料和发泡塑料缓冲垫；对木质包装实施强制性措施，凡进口木质包装都要经过热处理、熏蒸处理、防腐剂处理或持有欧盟国家认可的处理措施的证明。禁用苯、重金属原料。用于包装农产品、食品的材料要在标签上注明“用于食物”或附上“杯与餐叉”的符号。

（2）对包装接触材料成分转移的限定

2004年，欧洲议会和欧盟理事会通过《有关食品接触材料的法规》（EC）No 1935/2004，这是欧盟最新的关于与食品接触材料和制品的基本框架法规。该法规对与食品接触的材料和制品的通用要求是：进入欧盟市场的所有食品接触材料和制品，应按严格生产规范来组织生产，其转移到食品中的量不能出现危害人类健康、改变食品成分、损害食品品质外观、导致食品变味等情况。新法规对与食品接触的材料提出了可追溯要求。

目前，欧盟食品包装材料的大部分法规都集中在塑料材料上。89/109/EEC允许透过极限为60mg/kg（即1kg的食品中60mg的任何物质），2002/72/EC关于与食品接触的包装材料的理事会指令对转移采取了不同的量纲，并且特别关注薄膜复合材料，允许透过极限为10mg/dm^2（1dm^2= 100cm^2）。欧盟法令对聚氯乙烯（PVC）没有规定具体的转移量。对于接触食物的PVC容器及材料，允许转移到食品中的最大值是0.01mg/kg。

欧盟还采用“肯定列表”方式规定允许进口的材料作为上市食品接触性物质。指令2002/72/EC中允许使用的添加剂列表并不完整，没列入的添加剂得到成员国法律允许后也可以使用。由于欧盟缺乏可适用的材料指南，很多公司都采用成员国的食品包装法规。2004年的修订指令明确要求，列入其中的添加剂才能在塑料材料和商品中使用，修订指令提供了根据临时列表建立添加剂肯定列表程序。从2008年1月1日到肯定列表被采用，两种欧盟添加剂列表将共存。欧盟食品安全管理局（EFSA）要对生产厂家提交的未经评估的添加剂科学数据进行评估，得到EFSA的允许后方可使用。

（3）对包装物回收的规定

《包装和包装废弃物指令》94/62/EC及其修正案2004/12/EC对包装废弃物都提出了回收要求。前者于1997年全面实施，目标是到2001年7月，按重量计，包装废弃物的回收率必须达到65%，25%～45%的包装废弃物必须能再循环重复使用，每种材料重复使用的最小值不能小于15%；到2008年12月31日总体回收比例要达到60%，总体重新利用比例要达到55%。各成员国自行决定如何达到既定目标。后者将整体回收率修正为60%，再循环率为55%，还规定了具体的再循环率。

（4）对包装物内容的要求

农产品和食品包装要有准确的品质成分、生产日期、保质期、特殊贮存条件或是否为转基因食品等详细说明。对绿色食品、有机食品还设定专门的衡量标准。添加剂必须标明是何种物质，有添加剂就不能用实物图案。预包装的特殊膳食用食品，除要标明特殊能量和营养素的内容外，还要标明食用方法和适宜人群。

（5）对进口食品的包装要求

欧盟对进口食品包装有严格的环保要求，其纸箱的连接采用黏合工艺，尽可能用胶水，不能用PVC或任何其他塑料胶带；纸箱上的名称印刷必须用水溶性颜料；纸箱表面不能上蜡、上油，也不能涂塑料、沥青等防潮材料；食品包装用瓦楞纸箱，不能用蜡纸或油质隔纸。若用塑料带封箱，则只能用PE/PB材料；外纸箱不能用任何金属或塑料钉夹，只能用胶水粘牢。其目的是使纸箱便于回收，减少环境污染，也防止包装箱对食品造成污染。进口商有责任确保产品遵守相应法规，食品包装商将最终负责包装的安全问题。

（6）对包装尺寸的要求

76/211/EEC关于统一各成员国按确定的重量或容量预包装产品的法律的理事会指令规定，要按确定的重量或容量进行预包装。目前为方便成员国间贸易，这方面的规定已开始松动，成员国已一致同意对牛奶、糖等不再实施严格的重量或容量标准。牛奶、黄油、咖啡、通心粉等生活必需品在过渡期后，也将解除强制性包装规定。总的来看，欧盟发展了通用食品接触包装法规，并且还在不断完善。

3. 标识管理

欧盟的食品标签法规标准体系完备，通常以指令、条例的形式出现，采取的是两种立法体系：一种是规定各种食品标签通用内容的法规，如价格规定和营养标识等，任何欧盟国家销售的食品都要符合通行标签法规；另一种是规定各种特定食品标签内容的体系，如不同食品标签的法规，新异食品标签、特殊营养品包括减肥和婴幼儿食品标签、有机食品等的标签。未来，欧委会食品标签立法规划重点会转向消费者保护、贸易影响等方面。

（1）标识的通用法规

欧盟各成员国执行统一的食品标签法令，但成员国可以在该法基础上制定其他必要的标签规定。2000/13/EC 关于食品标签、说明和广告宣传的成员国相似法案及修正案 2001/101/EC 和 2003/89/EC 等指令，都要求确保消费者通过标签能获得所有有关产品制造商、储存方法等内容的信息。法规禁止食品标签上标示关于食品能够治疗、治愈人类疾病的内容。

目前，欧盟不仅在食品的通用标识方面进行立法管理，对特定食品还制定了附加法规。90/496/EEC 关于食品营养标签的理事会指令和 2003/120/EC 关于 90/496/EEC 食品营养标签的修正案是对营养食品的基本要求。要求欧盟市场上销售的食品必须在包装的正面清楚地标明热量、全部脂肪、饱和脂肪、碳水化合物、糖和盐 6 类营养成分的单位含量和建议摄入量的比例，以减少疾病。淀粉、糖醇、胆固醇等达到一定量后，也须提供其含量。此项规定不涉及葡萄酒、含酒精饮料（不包括果酒）、啤酒、非加工的食品如肉类以及成分比较单一的食品如矿泉水、茶叶、咖啡。

欧盟于 2006 年 12 月 30 日公布的关于食品营养及健康声明的第 1924/2006 号法，禁止任何含糊不清或不准确的食品营养健康标签及广告，营养资料规定严格界定关于盐、糖及脂肪含量的声明，以确保营养资料准确可靠。欧委会还订立了具体的营养资料规定及豁免情况，以作为使用食品营养及健康声明的指引。

欧盟对标明食品添加剂含量的标签实行严格管理，严禁出现令消费者产生误解的产品属性，标识必须按照重量的顺序列出所有成分，包括配料的名称、编码及功能分类。同时，还要求特别注明转基因有机物配料成分，并废除了之前的食品成分中的低于 25% 含量的物质不需要标注的原则，帮助据估计对食品有过敏反应的大概占人口比率 8% 的儿童和 3% 的成年人更好地获得食品成分信息。

此外，未剥皮或切块的新鲜水果和蔬菜，除二氧化碳外无其他配料的碳酸水、醋，除制造中必需的某些物质外未加入其他配料的干酪、黄油、发酵牛奶或奶油可免除标注配料表。未剥皮或切块的新鲜水果和蔬菜可免除标注保存期或保质期。未包装食品或包装后直接销售的食品，一般只需标明产品名称、添加剂、辐照成分。

1992 年欧盟公布《农产品和食品地理标识和原产地保护条例》（EEC）No 2081/92。2003 年（EC）No 692/2003 条例对地理标志保护名称的范围、第三国名称的注册范围和受保护范围等进行修订。受地理标志保护的产品主要是食用农产品（主要指肉类制品）、食品、非食用农产品。地理标识保护是欧盟质量政策的一个组成部分。目前，欧盟法规不允许非欧盟地理标识进行登记，欧盟以外的地理标识须得到等同于欧盟内部的保护才可在欧盟登记。目前欧盟正在致力于简化包装和统一标识。欧盟各国的食品标识差异较大，为使消费者对所需的食品信息心知肚明，欧盟正在统一一些基本要求，对现行食品标识规定作修改，以减少成员国间的差异，增进消费者知情权。欧盟计划除肉类制品外，欧盟境内生产的食品和饮料都将强制要求打上“欧盟制造”标识。

（2）特定食品标签法律法规

①有关肉类制品的强制性标签制度。“疯牛病”事件后，欧盟国家不断加强肉类生产、储存、包装、运输和销售各个环节的控制，在生产环节建立验证和注册体系，强制实行肉类制品生产、包装、销售情况透明度政策。

2000 年，欧洲议会和欧盟理事会共同制定法规（EC）No 2000/1760/EC，建立了识别、登记活牛以及牛和牛肉产品标签体系，提出肉类包装标签的强制性要求。新规定对“肉”的概念进行了严格定义。食品中含有的脂肪与动物下水必须在标签中详细说明。标签中要将食品中肉类来源动物的种别加以说明。“机械割肉”要求单列。受此规定影响的产品主要是香肠、馅饼、煮肉、精致的盘装食品、罐头等肉类食品及包装。各成员国自行制定违反该规定的惩罚立法。根据要求，在牛肉标识中出现下列情况的经营者将受到处罚：一是未遵守强制性标签制度；二是在实行自愿性标签制度中，未遵守有关获准规范或规范未得到批准。法律规定，经营者和各类组织任何时候都不得拒绝欧盟委员会的专家、主管当局和相关独立机构对其牛肉标识及各种记录进行检查。

②有关鸡蛋的强制性标签。从 2004 年 1 月起，欧盟要求所有鸡蛋（包括进口鸡蛋）销售必须加贴强制性标签，欧盟生产的鸡蛋要有编码显示来源。为配合《动物福利法》，欧盟还要求欧盟生产的鸡蛋的标签上标明生产方法是“自由放养”还是“笼养”，以保护蛋鸡，这意味着生产过程也成为交易条件。目前在德国鸡蛋已经可以追溯到饲养场或鸡笼。

③有关转基因食品的标识法规。欧盟有两项有关转基因食品标识的法规，即《转基因食

品及饲料条例》和《转基因生物追溯性及标识办法》。前者强制对所有转基因食品进行标识，所有含转基因成分的食品或饲料只要含量超过0.9%，就要标明为转基因食品，低于该百分比则不作标识要求。该法律首次将转基因饲料纳入监管范围。要求经营者必须向相关管理部门提交充分的证明，证实其已采取必要步骤避免食品中出现转基因物质，经营者必须建立相应的体系和标准化的管理程序来保存上述信息，以便对转基因物质进行追溯。上述信息必须至少保留5年。此外，新型食品的特征和特性都必须在标签上注明。

④有关有机食品包装标识的强制性要求。（EEC）No 2092/91要求，有机成分的重量不小于总重量的95%的食品可标注为“有机食品”，有机成分的重量占总重量70%～95%的食品可标注为“有机成分制造”的食品。所有成员国的有机食品标签上必须注明检验机构的名称或代码编号。进口有机农产品的生产过程也应符合欧盟有机农业标准。2009年，欧盟境内出售的有机产品都将强制进行新标识。成员国将自行决定是否再附加本国的有机产品标识。

⑤有关鱼类的标签规定。鱼类的标签规定要求，特定的鱼类和水产品出于商业目的出售给消费者时要加贴标签，标签内容包括：鱼种类（鳕鱼、大马哈鱼等）、生产方法和捕捞日期或原产国。

第九节　俄罗斯农产品标签标识法规及标准

俄罗斯国家标准化委员会重新制定并实施《ГОСТР51014–2003/食品消费说明的一般要求》，其中有关食品标签内容的新标准规定，必须在消费说明（食品标签）上注明原产地、厂家名称和地址、产品名称、产品成分、容量、食用价值、使用和储存条件、适用期、储存期、生产和包装日期、代码以及食品配料表等重要信息，该消费说明应使用俄文标注，要求食品和食品添加剂的名称必须符合俄罗斯联邦国家标准的规定。

一、俄罗斯农产品法规体系

在俄罗斯联邦，现行的工业标准沿用了苏联时期的标准系统，被称为GOST。这也是被现在独联体国家公认的国际标准，也称为“多国标准”或“国家间标准”。发布此类标准的俄罗斯权威机构为“联邦技术规范和计量机构”（Federal Agency on Technical Regulation and Metrology），即为俄罗斯标准化计量委员会。在沿用了苏联标准系统的同时，俄罗斯联邦还为了适应现代社会发展的要求，替换并添加了一些新的标准，称为GOST–R。所以当前俄罗斯的标准体系中，GOST和GOST–R共同作用。俄罗斯联邦技术规范和计量机构在发布和制定标准的同时，也授予权利给相关机构进行认证和检测，在其官方网站上公布它所授权的认证公告机构和认可的实验室。这些公告机构和认可实验室都有其独立的编号，有权进行发证和产品质量检验的工作，每个认证机构及实验室都有一定的授权范围，并且只在此范围内有认证资格。例如，食品认证的机构不能对纺织品产品进行认证。所以说 GOST 也同样是一个有效的质量认证体系。

苏联时期，GOST 标准几乎涵盖了所有领域，并在其不同应用领域内绝对强制性执行。当代俄罗斯联邦时期，根据联邦法律第 185 – FZ.12.27.02 号规定，标准体系由两个部分组成，GOST 标准和技术要求（TU）。因此在标准系统内就有了更多的自愿可能性。GOST 标准（即 ГОСТ，Государственный Стандарт）、GOST–R 等效或等同于采用的国际标准化组织（ISO）和国际电工委员会（IEC）制定的标准。同时，根据商品可能对消费者造成的危害，在认证中也有黄色认证和蓝色认证之分。黄色认证为强制性认证，蓝色认证为自愿性认证。这里的强制性和自愿性并不是通常认为的必须认证或选择性认证。在原则上讲，它们都是必须的，只是在认证过程中，如果是自愿性认证，生产者可自行选择认证程序，如果是强制性认证，生产者必须遵循相关机构建议程序进行。现行的 GOST 标准也几乎涵盖了所有领域，如果属于 GOST 标准范围内的产品，必须依照标准生产。

当然，在现今社会，随着各类科技的高速发展，人们的思维概念日新月异，产品也丰富多彩、变化无穷，传统的 GOST 标准不可能包含了所有范围，这也就为新体系的出台提供了前提条件，即俄罗斯联邦标准体系的另一部分——“技术要求”。技术要求（TU），即 TY（Технические Условия）。此标准一般由生产者自己制定，由相关权威机构认证。技术要求是针对一些 GOST 标准中尚未包含的产品，基本上类似于中国的企业标准。一些技术要求是基于 GOST 标准制定的。通常情况下，TU 标准严于 GOST 标准，这样也使产品的竞争力得到了提升，给予了市场经济更多的自由性。然而，相关法规由于联邦立法注册计划的实施而正在升级，因此在一定程度上延迟了标准化新系统的建立。这就意味着在“技术要求”系统建设过程中，GOST 标准成为强制性执行标准。标准化系统升级开始于 2002 年，但是由于规模大、过程复杂，使得 GOST 标准现在实际上成为大多数公司正在使用或将继续使用的标准，也包括食品工业。不过，也正因为如此，在“TU”系统建设中有了 GOST 标准的引导，才能确保所有生产商按照标准维护公众利益，如人民健康的安全，国家的权利和环境的保护，以及反造假措施等的实施。无疑，“TU”的出现显示了更多的灵活性，并且也无形中增加了产品的多样性和市场竞争力。GOST 标准自从苏联时期实施以来，经过长期的检验，已成为一个比较成熟的体系，几乎涉及了生活、生产中的方方面面，因此在人们心中也建立了非常高的信任度，许多企业仍倾向于获得GOST认证，人们在购买时也倾向于具有GOST认证的商品。

GOST标准可以从俄罗斯联邦技术规范和计量机构的官方网站www.gost.ru上免费获得在线阅读版本。但是由于在过去很长的一段时间范围内，该信息被关闭，所以有一些公司开始将这些信息进行出售，以至于现在仍有此类公司存在。对于达到俄罗斯标准并获得认证的产品，有一个特殊的标志。PCT – Росстандарт，意为“俄罗斯标准”。此标志显示产品已通过了所有的认证程序，并获得了合法有效的认证。对于获得GOST标准或技术要求（TU）认证的产品都可获得此标志，且该标志可直接用在商品上，也可用在标签或附属文件之上。对于该标志的大小、规格和使用也有专门的标准对其进行规范。在标志下方的编码区内，为认证机构的编号（任何授权机构和认可实验室都有其独立的编号）。如果获得的是TU认证，生产商就只能在认证授予地生产，如果计划在其他地方生产，就需要再获得该地的TU认证；但是如果获得的是GOST认证，则在全国范围内都可以生产。

同时，根据俄罗斯法律规定，商品如果属于强制认证范围，不论是在俄罗斯生产的，还是进口的，都应依据现行的安全规定通过认证，并领取俄罗斯国家标准GOST合格认证。没有GOST认证的产品不能在俄罗斯上市销售，并且GOST认证也是办理俄罗斯进口商品海关手续必不可少的文件，可见其重要性。对于俄罗斯进口的食品，几乎所有的产品都需要进行认证。以下11种食品必须进行强制性认证：粮食及其衍生产品；面包和面条；食用油及其衍生产品；肉类和禽类；蛋类及其衍生产品；鱼类及其衍生产品；乳与乳制品；水果、蔬菜以及其衍生产品；浓缩食品和淀粉；饮料、葡萄酒、白兰地酒、白酒、伏特加及饮用性酒类；糖果类及糖类制品、蜂蜜类制品。

俄罗斯根据联邦现行的《联邦食品质量与安全法》，对部分农产品、食品进境前办理“卫生防疫结论”，俄罗斯联邦消费者权利保护与人类安全监督局对进境食品标签要求其标签中所提供的信息必须与货物随附单证（发货明细单）和“卫生防疫结论”中所述的相关信息相符，其中包括对进境果菜标签的要求。其中对进境果菜标签要求内容是：产品名称；净重；收获日期（水果、蔬菜采摘日期），包装日期；仓储条件；供货人。对于所有食品均由联邦机关相应区域的消费者权利保护与人类安全监督局出具卫生防疫结论。此外，俄方还要求，出口到俄罗斯的产品每一个包装箱上均须贴标签，为便于查验，每一集装箱中各品名的产品须摆放于查验时可以看到的地方。

二、俄罗斯农产品标签标识法规体系

2005年7月1日，俄罗斯正式实施新的食品标签管理条例《ГОСТР 51014 –2003/食品消费说明的一般要求》。与1997年出台的《ГОСТР 51014 –1997/食品消费说明的一般要求》相比，新食品标签管理条例有关食品标签内容的规定既严格又具体，如对“肉和肉产品”“鸟肉、蛋及其加工产品”“奶、奶产品和含奶产品”“鱼、渔场的非鱼产品及其加工产品”“油脂品”“葡萄酿造品”“不含酒精的啤酒”“麦芽糖饮料、谷物饮料、低度酒精饮料”“分装饮用水”等食品，要求向消费者提供更加准确的信息，而对标签内容不符合规定的入境食品将进行退货或销毁处理。有关食品标签内容的标准按照《俄罗斯联邦消费者权益保护法》的要求制定，与欧盟标准相一致。具体地说，新食品标签管理条例规定：必须在消费说明（食品标签）中注明原产地、厂家名称及地址、产品名称、产品成分、容量、食用价值、使用和储存条件、适用期、储存期、生产和包装日期、代码以及食品配料表等重要信息；消费说明应使用俄文标注；食品和食品添加剂的名称必须符合俄罗斯国家标准的规定；转基因食品、转基因源食品或包含转基因源成分的食品必须符合俄罗斯规范性法令（技术法规）的规定；含有基本的天然矿物质和维生素的食品必须列出其含量和日服量等。这些规定适用于俄罗斯国内外生产的所有食品。

此外，2004年修订的《俄罗斯联邦消费者权益保护法》还规定，必须在食品包装上标明生产过程中是否添加了转基因成分。俄罗斯从2001年开始对进出口食品进行转基因成分检测，并要求对转基因食品（GMF）加贴标签；从2002年9月1日起，所有转基因食品必须予以标明，食品中转基因成分含量超过5%（欧盟标准为0.9%）即被视为转基因食品，并需要在食品包装上明确标注。2007年7月，莫斯科市政府表示，莫斯科市将依照大部分欧洲国家规定的食品标准，将食品中转基因成分限定在0.9%的范围内，只有符合这个条件的转基因食品才能在商店和市场上销售。此外，莫斯科市政府对转基因食品的销售采取限制措施，即商店不得将转基因食品销售给16岁以下的孩子；转基因食品不得进入医院和各中小学、幼儿园餐厅；军队禁止购买转基因食品。

俄罗斯联邦继2005年7月1日实行了新的食品标签规定后，又于2005年12月31日对N29–中3号《食品品质与安全联邦法》进行了重新修改和制订。该部法规主要用于调整保障食品品质及食品对人体健康安全方面的关系，共分6章30条，详细阐明了俄罗斯联邦在保障食品品质和安全方面的有关规定与要求，其中第21条对输入俄罗斯联邦境内的食品、材料和制品的品质和安全提出了明确要求：一是输入俄罗斯联邦境内的食品、材料和制品的品质和安全性应符合标准文件的要求；二是在供货合同中应明确写明输入俄罗斯联邦境内上食品的生产者和供货者在执行标准文件要求方面应承担的责任和义务。

在俄罗斯，商品包装分为两大类，即食品类和非食品类。食品类商品包装的标签应包含以下内容：食品的名称及种类，生产国和生产厂商名称，食品的重量或容量，食品主要成分包括食品添加剂名称，食品价格，保存条件，有效使用期限、制作及食用方法、使用建议和使用条件等。非食品类商品包装标签应包含以下内容：品名，生产国和生产厂商名称，用途、主要性能及技术规格，有效及安全使用的规则和条件，根据该类商品的国家标准化要求以及销售规定而对该商品所作的其他说明。

自 1999 年 7 月 1 日起，俄罗斯对部分商品（主要是酒类制品、音像制品、电脑设备三大类）实行强制性粘贴防伪标志和统计信息条。该标志可在俄罗斯标准化委员会下属的质量监督机构申请购买，统计信息条可在俄罗斯各地区国家贸易监督局申请购买。

根据规定，所有商品（包括食品类和非食品类商品）必须标有俄文使用说明。如商品包装或标签较小，无法容纳全部必要的文字说明，则允许另附商品使用说明书。

（一）《食品消费说明的一般要求》

由俄罗斯国家标准化委员会 2003 年 12 月 29 日批准，2005 年 7 月 1 日实施。该标准适用于俄罗斯国内外生产的食品，消费品分装包装、供应给与服务消费者直接相关的公共食品企业、学校、幼儿园、医疗机构和其他企业的零售和批发业，该标准对提供给消费者的信息规定了一般要求。

俄联邦的全国性标准、组织标准和其他文件中对分装食品的标签要求做了规定，根据这些要求生产食品并评审其是否符合标准。

全国性标准制定的目的是保护俄罗斯消费品市场，以防劣质产品上市，并要求俄罗斯组织（企业）生产的各种食品和进口食品标签上有俄文信息。信息包括制造信息、生产国、商品标识、净重、产品的容积和数量、成分、产品的食用价值、贮存条件、适用期和保存期，产品制造和评审所依据的规范性文件和技术文件以及符合性评定的信息等。

新标准的制定符合联邦法《技术协调法》规定的程序。该标准开始制定和制定完成的信息都在俄罗斯国家标准委的网站上公布。21 个组织对该标准提出了意见和建议。

标准对向消费者提供的信息的范围做了规定，并在俄罗斯国家标准委员会、俄罗斯农业部和消费者权益保护协会的联合会议上进行了多次讨论。以下这些必要的信息要求写进了标准：

①食品生产中使用的食品添加剂，食品中的生物活性添加剂、增香剂，食品中的非传统成分，包括非固有的天然蛋白质成分及其含量。

②关于转基因食品、转基因源食品或包含转基因源成分的食品的信息。对于包含转基因源成分的食品，其信息在基因成分超出规范性法令（技术法规）规定时应指出。标签上的信

息形式是：转基因……（产品名称）或……（产品名称）源自转基因，或……（产品名称）含有转基因成分。

③根据生产商的要求，允许列出产品中所含的基本的天然矿物质和维生素，而不指出其含量。还必须对产品的日服量提出建议。

④如果蛋白质、脂肪、碳水化合物和热量在 100 克食品中的含量不少于 2% 时，这些物质的含量信息要列出，矿物质和维生素不少于所建议的日服量的 5%。与 ГОСТР 51074–1997 相比，新标准中删除了强制性的附录 A“术语和定义标准文献目录”和 Б“没有进入标准文献的产品具体名称的定义”。对于下列食品要求向消费者提供更加准确的信息：“肉和肉产品”“鸟肉、蛋及其加工产品”“奶、奶产品和含奶产品”“鱼、非渔场及其加工产品”“油脂品”“葡萄酿造品”“不含酒精的啤酒”“麦芽糖饮料、谷物饮料、低度酒精饮料”“分装饮用水”。

（二）肉产品标签制度

拟发运到俄罗斯联邦的食品应经确认适合于人类食用。食品包装上应有标签（兽医验讫章）。标签应粘贴在包装上，打开包装即破坏了标签的完整。

食品必须来自加工和仓储的肉类加工企业和冷冻厂，其必须位于没有国际兽疫组织规定的“A”类动物传染病的行政区，其中包括：最近 3 年内行政区无非洲猪瘟，最近 12 个月内行政区无牛瘟，最近 6 个月内行政区无口蹄疫。肉的微生物指标、化学毒理指标和放射线指标应符合俄罗斯联邦现行的兽医卫生规则和要求。输入俄罗斯联邦的肉类成品必须用无破损的完整密封的包装。包装和包装材料应是一次性有效的而且符合卫生要求。运输工具应按照出口国现行的规则处理。上述规定的执行必须完全经出口国官方兽医签字的兽医证书来确认并以出口国文字和俄文打印。

来自有国际兽疫组织规定的“A”类传染病的国家拟输入俄罗斯联邦的肉类制成品，只有在进口商得到俄罗斯农业食品部兽医局签发的许可证后方可启运。

俄罗斯农业食品部兽医局保留派自己的兽医专家到出口企业对屠宰动物进行宰前检疫和对肉体及内脏器官实施宰后兽医卫生检验的权力，以及保留对肉类加工企业就向俄罗斯联邦供货能力进行鉴定的权力。

《海关联盟肉及肉制品安全性技术法规》（CU TR 034/2013）是欧亚经委会 2013 年 10 月 9 日发布的 68 号决议，2014 年 5 月 1 日起正式实施，适用于在海关联盟境内流通的肉类及其制品。法规规定了肉类在生产加工、储藏运输、销售和使用过程中的卫生要求，同时也对产品标签和包装做出了要求。我国与其要求略有不同，但能够达到与俄罗斯等效的安全卫生水平。

其中肉类标签要求兽医印章需直接印在胴体、二分体和四分体上。简易包装的肉需在运单中指明肉的种类、名称、胴体和二分体及四分体的热状态、胴体解剖部位，生产商的名称和所在地，数量、生产日期、保质期和储存条件等常规的信息。在具有运输包装和（或）消费包装时，冷冻肉块和半成品的商标要将兽医印章印在运输包装上。

中俄对肉类标签的要求差别较大。海关联盟肉类运输包装的标签内容包括：食品名称、重量（kg）、生产日期、保质期、储存条件、食品批次信息、生产商名称和地址、企业注册号，副产品还需在商标中指明等级信息。直接零售的肉类还要标明开箱前保质期和开箱后的保质期，在真空或在气调条件下包装的肉类产品，商标中应包含相应的信息。我国对肉类标签的要求没有设定开箱前保质期和开箱后保质期，对于机械剔骨肉和包装条件的信息也没有涉及。

（三）有机食品标签制度

俄罗斯质量体系组织 Roskachestvo 制定有机产品及其他类似产品的标准。

俄罗斯消费者极易将带有“Eco”“Bio”“Organic”字眼的产品混淆，买家在购买此类产品时容易被商家制作的标签内容误导，难以区分“有机产品”“农产品”及“环保产品”。

该标准充分吸收并研究了来自俄农业部、消费者权益保护与社会福利监督署、国家有机产品联盟、有机农产品联盟、农业辩证协会及其他科研教育机构专家的意见，对有机产品、生态产品及环保产品的标准要求分别作了具体规定。

相对其他普通产品，有机产品的标准要求最高：生产厂区必须远离污染源及工业区，生产过程中必须大幅减少肥料和兽药的使用；产品中不得检出抗生素和农药；禁止使用 GMI 等。

（四）禽肉、禽蛋标签要求

1. 带消费包装的禽胴体、半胴体及分割的胴体

①品名（胴体、半胴体、分割的胴体、腿肉、颈部、翼等），包括禽种类和年龄（如“公鸡”“鸭”等）。

②等级或类别（如果存在）。

③生产企业的名称和地址（法定地址，包括国家及非法定生产地址）以及在俄罗斯境内被生产者授权接受其辖区内消费者索赔的组织的名称和地址（如果存在）。

④生产企业商标（如果存在）。

⑤加工方法（整个胴体、净膛、半净膛、净膛带整套内脏和颈）。

⑥防护层、防腐剂、非传统成分的食品。

⑦词语："国家兽医监督"（用于整个胴体）。

⑧温度状态（冷却、冷冻、微冻或深度冷冻）。

⑨净重（胴体，要在每个消费性包装上标注净重，或者在每个运输包装上标出带包装胴体的总净重）。

⑩食用价值。

⑪生产和包装日期。

⑫适用期和贮藏条件。

⑬产品生产的证明文件代码。

⑭评定合格信息。

2. 剔骨禽肉（成块的、机械剔骨的，包括全冷冻的）

①品名，包括禽种类和年龄。

②食用价值。

③等级（如果存在）。

④生产企业的名称和地址（法定地址，包括国家及非法定生产地址）以及在俄罗斯境内被生产者授权接受其辖区内消费者索赔的组织的名称和地址（如果存在）。

⑤生产企业商标（如果存在）。

⑥温度状态（冷却、冷冻、微冻或深度冷冻）。

⑦生产和包装日期。

⑧适用期和贮藏条件。

⑨净重、毛重。

⑩产品生产的证明文件代码。

⑪评定合格信息。

3. 禽肉半成品

①品名，包括禽种类和年龄。

②生产企业的名称和地址（法定地址，包括国家及非法定生产地址）以及在俄罗斯境内被生产者授权接受其辖区内消费者索赔的组织的名称和地址（如果存在）。

③生产企业商标（如果存在）。

④净重。

⑤产品成分。

⑥温度状态（冷却、冷冻、微冻或深度冷冻）。

⑦生产和包装日期。

⑧制成菜肴的方法。

⑨适用期和储存条件。

⑩食品添加剂、香料、食用生物活性添加剂、非传统性食品成分。

⑪食用价值。

⑫产品生产的证明文件代码。

⑬评定合格信息。

4. 食用蛋（按禽种类）

（1）无消费包装的禽蛋信息

①品种和类别。

②生产日期（分类日期）（规定饮食的蛋）。

（2）有消费包装的禽蛋信息

①品名。

②品种和类别。

③生产企业的名称和地址（法定地址，包括国家及非法定生产地址）以及在俄罗斯境内被生产者授权接受其辖区内消费者索赔的组织的名称和地址（如果存在）。

④生产企业商标（如果存在）。

⑤蛋数量。

⑥分类日期。

⑦食用价值。

⑧适用期和贮存条件。

⑨产品生产的证明文件代码。

⑩评定合格信息。

蛋的包装铅封签上有指定信息的，可不在有消费包装的蛋上标示唛头。打开包装时，标签应能撕开。

产品可能也附有其他信息，包括广告式的说明产品特性的信息、生产企业的信息，以及条形码。

（3）运输包装

在每个运输包皮两端的壁上，印上带有下列唛头的货签。

①品名。

②品种和类别。

③生产企业的名称和地址（法定地址，包括国家及非法定生产地址）以及在俄罗斯境内被生产者授权接受其辖区内消费者索赔的组织的名称和地址（如果存在）。

④生产企业商标（如果存在）。

⑤蛋数量。

⑥分类日期。

⑦适用期和贮存条件。

⑧产品生产的证明文件代码。

⑨评定合格信息。

5. 带消费包装的禽蛋制品

①品名。

②对产品进行相关加工的方法（巴氏消毒法、脱糖等）。

③生产企业的名称和地址（法定地址，包括国家及非法定生产地址）以及在俄罗斯境内被生产者授权接受其辖区内消费者索赔的组织的名称和地址（如果存在）。

④生产企业商标（如果存在）。

⑤净重。

⑥产品成分。

⑦食用价值。

⑧食用防腐剂及其他食品添加剂（如何使用）。

⑨生产和包装日期。

⑩适用期和贮藏条件。

⑪产品生产的证明文件代码。

⑫评定合格信息。

（五）转基因标签

“由于民众对转基因食品的恐惧心理，贴示‘不含转基因成分’标签确实能够吸引消费者并取得消费者的信任。但这种方式现在发展到近乎病态，甚至连食盐的外包装上都贴上了‘不含转基因成分’标签”。一家俄罗斯媒体在评论莫斯科市最近出台的废除食品类商品“不含转基因成分”标签时如此感叹。

2007年3月末，莫斯科市市长索比亚宁正式签署命令，宣布废除食品制造商自愿粘贴的食品类商品“不含转基因成分”标签。这标志着莫斯科转基因与非转基因食品外包装区分制度正式作废。2007年时任莫斯科市市长卢日科夫签署命令，莫斯科市将依照大部分欧洲国家所规定的食品标准，将食品中转基因成分限定在0.9%的范围内，只有符合这个条件的转基因食品才能在商店和市场里销售，并同时实施自愿在含有转基因成分的食品包装上粘贴识别标签的措施。食品制造商将产品送往15家有资质的独立实验室进行检验，确认不含转基因成分后，经政府主管部门认可粘贴“不含转基因成分”标签。

从2007年该法案颁布至今，在莫斯科的商店和市场上出售的食品大都会有一个浅绿色的识别标签，上面印有“不含转基因成分”字样。莫斯科政府当时的立法初衷是希望通过这种识别标签帮助莫斯科居民获得食品质量和安全等其他更全面的信息。

这项法规看似符合消费者利益，但为何在实行5年后废止呢？莫斯科市商业与服务局的解释是：首先，这一识别标签制度与联邦相关法律冲突。根据俄联邦相关法律，食品类企业每两年进行一次检查，而莫斯科市的识别标签制与这项联邦法律存在冲突，应予废止以适应联邦法律。其次，俄联邦法垄断局多次向莫斯科市商业与服务局提出意见，称这一识别标签制度使食品企业面临不公平的市场环境，并加剧了食品行业的不正当竞争。食品制造商们投诉称，市内的食品销售商们只采购粘贴这种标签的产品，然而这种标签却号称“自愿”。

除了这些制度上的硬伤外，这种标签制度并未实现帮助消费者的立法初衷，才是其被废止的主因。

2002年9月起，俄罗斯所有转基因食品都必须加贴转基因食品专用标志。必须加贴专用标志的食品包括大豆、玉米、马铃薯、番茄、西葫芦、甜瓜和食品生物活性剂。不含脱氧核糖核酸和蛋白质的食品，如精制食油、糖、淀粉、葡萄糖和水果等，不在此列。

第十节　澳大利亚、新西兰农产品标签标识法规及标准

一、健康星评分系统

健康星级评分系统旨在引导消费者在同类食品中通过星级评分（从0.5星到5星以半星递增——星星越多，产品越健康）识别并购买比较健康的食品，减少肥胖问题。评分系统实施以来，标签使用率不断提升，总体效果良好，这得益于比较规范、严谨的运行机制设计。一是联邦主导，地方政府配合和各利益群体支持的“1个会议（澳大利亚和新西兰的食品监管部长级会议）+2个委员会（食品监管常务委员会、健康星级评分系统咨询委员会）+3个咨

询小组（社会推广咨询小组、技术咨询小组、新西兰健康星级评分系统咨询小组）”垂直化管理体系；二是拥有一套有科学依据的健康星级评分算法程序，对食品中每 100g（或 mL）的营养成分划分为有益和危险 2 类，并进行计算加总，获取星级评分；三是设计了健康星级评分 + 热量 +3 个指定营养成分 +1 个可选营养成分、健康星级评分 + 热量 +3 个指定营养成分、健康星级评分 + 热量、健康星级评分、热量等 5 种 FOP 标签类型及其使用指南；四是财政支持的公益宣传口号和多形式宣传活动；五是设定了生产商自愿执行 FOP 均衡营养标签的过渡期。

二、澳大利亚转基因农产品标识制度

澳大利亚是一个农产品出口大国，2005/2006 年度农产品出口总额为 276.62 亿澳元（1 澳元约合人民币 6.58 元，2008 年），占农业总产值的 71.8 %。作为一个农产品出口大国，澳大利亚非常关注全球对转基因农产品的态度，以及对转基因农产品贸易的规制。虽然是最早利用转基因技术的国家之一，澳大利亚目前利用的几乎所有转基因技术都是在其他国家进行试验、推广并被国际市场接受程度高，如转基因棉花和油菜是世界上种植面积、贸易规模最大的品种。由于本国消费者对转基因食品的抵制情绪，目前澳大利亚转基因农产品主要用于出口，如转基因棉籽和棉籽油大多出口到日本、朝鲜、印度等亚洲国家。即使是即将商品化种植的油菜，也是出口比重很高的产品。从进口的转基因农产品看，澳大利亚善于利用国际上转基因农产品贸易规则，进口的大多数属于“中间产品”——转基因饲料，而其出口的最终产品——畜产品，按照国际惯例无须进行标识。

由于消费者对转基因食品安全性的担忧，目前澳大利亚市场销售的转基因产品并不多，且大多属于豁免标识的范围。为避免转基因食品应标识而未标识的问题，澳大利亚竞争与消费者委员会（Australian Competition and Consumer Commission，ACCC）对流通领域进行监督，确保任何转基因产品或非转基因产品的标识必须与《1974 贸易惯例》（*The Trade Practices Act 1974*）一致。另外，对企业从事的《食品标准法典》规定的标识之外的自愿性宣传或“有机食品”“非转基因产品”标识，ACCC 对其进行监督，防止企业使用虚假信息误导和欺骗消费者。

自 2002 年 12 月起，澳大利亚新西兰食品标准局（FSANZ）规定，转基因食品或食品中含有转基因成分，抑或最终食物中含有转基因的添加剂或加工助剂须加贴标签。

以下 3 种情形必须标注。

一是该基因改造食物成分具有与同种的非转基因产品具有很大差异的特质。例如，转基因技术提高了产品的维生素含量，必须加贴标签。

二是产品本身自然发生的毒性与同种非转基因产品有显著差异。

三是使用转基因技术生产的食物含有“新成分”可能会导致部分人发生过敏反应。

但是以下 4 种情形可豁免标注。

一是最终产品中已经不含改造的DNA或蛋白质的精炼食品，如从转基因玉米中提炼的油。

二是使用含转基因成分的加工助剂或食品添加剂，但最终产品中不含新的 DNA 的食品。

三是转基因食用香料含量低于 0.1 % 的食品。

四是在销售点配制的食物，如餐馆。

三、有机产品认证标志

新西兰有机认证机构 BioGro 鼓励消费者在超市购买有机产品时提高警惕，只购买具有认证标志的有机产品。

BioGro 是新西兰最大的有机认证机构之一，与超过 600 多位农户、种植者和有机农产品制造商进行合作。其首席执行官 Donald Nordeng 呼吁消费者购买有机产品时认清 BioGro 认证标志。目前市场上有大量的有机产品可供选择，而目前新西兰对于“有机”术语的使用管理并不规范，如何选择最有益身体健康和环境安全的有机产品对消费者十分重要。而当产品有 BioGro 认证标志，则意味着可以 100% 确定这是真正的有机产品。

对于有机产品生产者来说，有机产品认证是一个至关重要的方面，因为有机产品生产者投入了大量的时间和精力以确保其有机产品的可靠性，他们希望消费者能够清楚有机产品的真实性，辨清虚假有机产品，维护真正的有机产品的利益。

四、过敏原标识

2002 年 12 月 FSANZ 采用了统一的食品管理法规，旨在保护公众的健康和食品安全。此项法规的关键部分之一就是强化食品中过敏原标签管理，并且成立了一个专家论坛来监测两国食品过敏和其他应激反应的发生率从而提出建议。

此项法规列出了会使公众产生过敏反应的物质名单，其中除了与 CAC、美国、欧盟相同的 8 种食物或成分外，还增加了作为食品的蜂王浆或在食品中包含的蜂王浆、蜂花粉、蜂胶，要求这些过敏成分及这些食品的衍生制品必须在食品标签中注明。

同时要求，如果以上含有致敏成分的物质具有以下情况——作为食品中的单一成分，作为复合成分中的一种成分，作为食品添加剂或食品添加剂中的一种成分，作为食品加工助剂或加工助剂中的成分——都必须进行标注。

五、营养标签

1. 管理机构

FSANZ 是澳大利亚和新西兰制定食品安全标准专门的独立非政府机构。首席科学家部门、风险评估部门从事风险评估工作内容，食品标准部门 - 堪培拉、食品标准部门 - 惠灵顿从事风险管理工作内容，法规事务部门从事风险交流工作内容。FSANZ 仅负责制定标准，这些标准由澳大利亚各州和地区执行，新西兰则由初级产业部（MPI）执行。

2. 法规标准

1991 年，澳新食品标准法案（ANZFA 法案）建立了食品联合管理手段（食品标准或实施规范）的发展机制。2005 年，澳大利亚和新西兰联合颁布了《澳大利亚新西兰食品标准法典》（Australia New Zealand Food Standards Code）。2017 年 5 月，FSANZ 在食品标准法典中设定了食品标签标准。食品标准法典按类别分为不同部分，按顺序整理成为 4 章。第 1 章内容为一般食品标准，涉及的标准适用于所有食品，包括食品的基本标准、食品标签等要求。食品相关的一般标签和信息要求，并规定了在不同情况下适用的企业要求（例如零售食品，餐饮用食品或内部食品）。该标准还包括仅适用于某些食品的特定标签和信息要求。

六、原产地标签

澳大利亚政府于 2016 年 7 月 1 日开始实施新的原产国食品标签制度。根据新制度，原产国标签要求属于澳大利亚消费者法。原产国标签在新西兰是自愿的，供应商可以选择不显示此信息。所有食品必须标有新西兰或澳大利亚食品供应商的详细联系方式，以便消费者与供应商联系并询问有关食品的详细信息。

第十一节 哈萨克斯坦农产品标签标识法规及标准

2013 年 7 月 1 日，海关联盟技术法规《关于食品标签》（TP TC 022/2011）生效，规定了食品标签中名称、成分、营养成分和价值、数量、生产日期、制造商和进口商地址等。欧亚经济联盟针对特定食品（包括油脂产品、果汁产品、肉制品、酒类、乳和乳制品、特殊膳食食品、鱼类和饮用水）的标签制定了技术法规。

通过欧亚经济联盟合格评定程序的受管制产品，进入欧亚经济联盟成员国市场前必须标有统一标志——“EAC”（海关联盟认证，海关联盟第711号决议，2011年7月15日发布），类似我国食品的“QS”标志和电器的“CCC”标志，是强制性标志，欧亚经济联盟技术法规有规定的产品，须加贴该标志。此外，哈萨克斯坦2016年11月26日发布第14471号法规也对产品标签有规定，该技术法规适用于国产的、进口的以及在欧亚经济联盟的领土上生产的产品，不包括受海关联盟或欧亚经济联盟技术法规管制的产品。

一、转基因农产品

哈萨克斯坦声称本国不种植转基因植物，但允许进口转基因产品。哈萨克斯坦进口的所有转基因谷物和油菜籽进入前必须在欧亚经济联盟注册，未注册的转基因品系数量不得超过0.9%。海关联盟技术法规《关于食品标签》（TP TC 022/2011，2017年修订版）规定，任何含有转基因成分或由转基因原料超过0.9%的加工产品，标签上必须标识“GMO”，且应标记在统一标志“EAC”旁边，样式、大小应一致，且用俄语标明产品含有转基因生物，或产品是来自转基因生物，或产品含有基于转基因生物获得的成分。

二、有机产品

为保护环境、合理利用土壤、生产健康食品，2015年11月27日哈萨克斯坦颁布了《有机生产法》（第423-V号法律），规定国内生产的有机产品须按照有机生产的规则生产，贴上有机标志等。

三、符合性声明

欧亚经济联盟区域内为了统一产品质量和要求，制定了强制性技术法规，技术法规管制内的产品必须获得强制性认证（EAC合格证书/符合性证明）才允许进入欧亚经济联盟内销售和使用，因此EAC是产品的最低质量和安全要求，是产品进入欧亚联盟成员国通关和销售所必需的证书。目前已经有48部技术法规，涉及农食产品有12部，如《关于粮食的安全性》（TP TC 015）、《关于食品的安全性》（TP TC 021）等。

海关联盟第620号决议规定下列农产品要进行符合性声明：动物、鸟类和鱼类饲料，复合饲料和饲料添加剂（如豆粕、乳粉、鱼粉等）。符合性声明有效期通常为3年，允许进口商在产品上标明合格标志。欧亚经济联盟食品技术法规规定了几乎所有农产品和食品的符合性声明程序，包括油脂产品、果汁产品、肉制品、酒类产品、乳和乳制品、专业膳食食品、鱼类和饮用水等。

除执行海关联盟和欧亚经济联盟进口要求外，哈萨克斯坦还按照本国 2008 年 2 月 19 日颁布的第 165 号政府法令，要求某些特定商品（主要包括饲料和饲料添加剂、生物活性补品、儿童营养品、转基因产品、与水和食品接触的材料和物品以及对人体健康有害的化学品）在进入哈萨克斯坦市场前要获得国家证书，该证书是由卫生部商品和服务质量安全控制委员会（原公共卫生委员会）和动物卫生控制与监督委员会签发的，相当于中国的卫生证书。

第十二节　韩国农产品标签标识法规及标准

韩国食品安全技术协调体系分为技术法规和标准两类，两者分工明确，属性不同。韩国食品安全技术协调体系当中的技术法规有关食品的安全质量要求，是强制性执行政府法规，内容涉及粮谷、农药、兽药、种子、肥料、饲料、饲料添加剂、植物生长调节剂、水产品、畜产品等。韩国食品安全标准是由公认机构批准的、非强制性遵守的、规定产品或者相关的食品加工和生产方法的规则、指南或者特征的文件。同时它还包括专门规定适用于食品、加工或者生产方法的包装、标示或者标签的要求。

一、监管机构

韩国食品安全监管有三大机构，即食品医药品安全处（MFDS）、国立农产品质量管理院（NAQS）和农畜产品相关机构。

1. 食品医药品安全处

2013 年 3 月韩国将食品医药品安全厅（KFDA）升格为国务总理直属的食品医药品安全处，并对过去部分属于农林畜产食品部（MAFRA）和海洋水产部（MOF）的农产品安全监管职能统一整合。食品医药品安全处是一个庞大的机构，下面设有 7 个局（食品安全政策局、消费者风险防范局、食品营养和膳食安全局、农畜水产品安全局、医药品安全局、医疗器械安全局、生物制药与中药局）和 45 个科，下属机关包括国立食品医药品安全评价院（NIFDS）6 个地方食品医药品厅、13 个监察分所和 1772 名公职人员。食品医药品安全处处长为内阁部长级别，直接听命于国务总理。

食品医药品安全处掌管所有食品安全事务，包括政策制定、执行、检查与监督及食品污染物的全国监测，通过确保食品从农场到餐桌的安全来保护消费者的健康。食品医药品安全处的职能是执行食品的安全风险评估，主要履行以下职责来确保食品安全。第一，加强对假冒伪劣食品的监管，扩大对农产品的安全性检查。对农产品和水产品在生产阶段的安全检查委托给农林畜产食品部和海洋水产部（MOF）来执行。海关对进口食品的监管也在加强。通过加强同其他职能部门、警察局、检察官办公室和地方政府的合作，根除假冒伪劣食品。对故意造成食品危害的犯罪行为加大惩处力度。第二，扩大食品安全监管的防范功能。为此，危害分析与关键控制点（HACCP）体系认证、可追溯系统及对假冒伪劣食品销售的监管力度都在不断加强。第三，推广普及健康的生活方式，营造食品安全环境。特别强调为防止儿童和学生食物中毒，确保发育健康，学校餐厅要全面强化卫生管理。与此同时，积极引导广大消费者参与对食品安全的监督根除假冒伪劣食品，强化风险沟通。

2. 食品医药品安全处下属的国立食品医药品安全评价院

其主要职能是风险评估。韩国食品 HACCP 认证中心（KOFHAS）负责对加工食品及其公司、群体餐饮服务和餐馆提供 HACCP 的认证服务。同时国立食品安全信息服务中心（NFSI）负责主要食品种类的可追溯系统。

3. 国立农产品质量管理院

该院是农林畜产食品部的一个分支机构。该机构成立于 1998 年 7 月，由农产品检验中心和农业统计局合并组成。国立农产品质量管理院包括总部组织（质量检验部门、原产地管理部门、农业商业信息服务部门、认证管理小组等）以及 1 个实验研究所、9 个省级办事处（每个省一个办事处）和 109 个区域办公室。食品医药品安全处委托国立农产品质量管理院进行农产品安全监测。国立农产品质量管理院还执行与农产品安全监管和质量管理相关的多种职能。例如，农产品认证体系［环境友好型农产品认证、良好农业规范（GAP）认证、农产品可追溯系统、受保护地理标志认证等］、原产地管理［原产国标签（COOL）系统、餐馆原产国标签系统、转基因标签等］、质量检验、环境友好型农产品的直接补贴以及农场的工商登记等。最后是农畜产品相关机构。主要有如下 3 个部门。一是动植物检疫局（QIA）。该局成立于 2011 年 6 月，由国家动物研究检疫服务中心、国家植物检疫服务中心以及国家水产品质量检验中心合并而成。动植物检疫局通过动物检疫（进口动物制品和牲畜制品检疫）和植物检疫（进出口植物检疫，进口害虫防治，木材检疫）来防止国外农畜牧产品有害因素的侵入。其主要职能还包括牲畜流行性疾病预防、动植物疾病防控、屠宰场安全监管、国内畜牧产品残留物检验及动植物卫生研究。二是韩国动物产品质量评估院（KAPE）。该院包括本部、10 个区域办事处（每个省，包括首尔市，各一个办事处）以及 30 个地方办事处。韩国动物产品质量评估院（KAPE）执行牛肉和猪肉可追溯系统。韩国动物产品质量评估院（KAPE）的基本职能是对农畜产品（例如牛肉、猪肉、鸡肉、鸭肉和蛋类）提供质量等级判定服务。

4. 农畜产品 HACCP 认证服务（KOLPHAS）中心

该中心提供对农畜产品和饲料进行 HACCP 认证服务。该服务还包括由国立农产品质量管理院（NAQS）委托的环境友好型农畜产品认证和环境友好型安全农畜产品的直接补贴。

二、转基因农产品标签标识

韩国食品医药安全厅宣布，从 2001 年 7 月 13 日起，以转基因农产品为原料制成的食品，必须标明为“基因重组食品”，即使只使用一种转基因原料，也必须标明根据这一规定，对使用转基因农产品为原料，在最终产品中含有基因重组的 DNA 或含有外来蛋白质的食品。必须用 10 磅以上的字号标明“基因重组食品”或“含有某种基因重组的 DNA 食品”。在原材料名称的旁边，要用括号注明“基因重组”或“基因重组的某某材料”。实行转基因食品标识制的产品为 27 种，其中有豆粉、玉米粉、玉米淀粉、豆类加工品、豆罐头、玉米罐头、面包点心类、干果类、爆玉米花用的玉米加工品、豆腐、豆腐加工品、豆油类、大酱等酱类等。这些产品都与日常生活有密切关系。食品制造加工者、销售者都有义务执行这一规定。

2002 年，韩国农业与林业部发布了对转基因粮食实行标签制度的新准则。这项新准则要求，任何一批农产品的转基因粮食成分如果达到 3% 或者以上的界限，这批农产品就必须以标签如实注明。而根据韩国以前的转基因粮食标签规定，只有保持着原来结构并未曾经过加工处理（如碾磨、削割、挤压加热等）的粮食才需要以标签注明。新准则解释说，之所以规定这样的界限，目的是对无意识地将转基因农产品与非转基因农产品混杂在一起的情况，给予一定程度的宽容。这项新准则还要求任何使用转基因粮食原料制成的食品都需要以标签注明其成分。流通渠道各个环节的销售商（如生产商、进口商中间商、批发商、零售商、改装商等）都要担负起确保适当的标签注明的责任。以包装方式出售的农产品必须贴上标签，而以散装方式出售的农产品则应该用标杆或标牌作为标签注明。

三、农产品认证制度

韩国自 1993 年起采取有机农产品标志和质量认证制度，1997 年制定了《亲环境农业培育法》，2001 年对环保型农产品实施义务认证制，把标准化的概念引入了环保型农业。为对环保型农产品实行跟踪管理并方便消费者识别，韩国还准备实行“农产品生产履历制度”，规定商店销售的农畜产品除了要标明产地、生产者及联络方法外，还须详细记载农药和化肥施用量、栽培及生长过程等，消费者通过卖场放置的电脑即可进行现场查询。目前，认证制度已在乐天、现代、新世界等几家大型百货店试行。据调查，80% 以上的顾客表示欢迎，74% 的顾客对有生产履历的产品价格即使贵 5%~10% 也愿购买。自 2005 年起，这一制度全面实施。

为加强卫生、安全的农产品生产，韩国引入公布标准耕作方法并对农产品进行品质认证的国际优质农产品管理制度（GAP）。20 世纪 90 年代中后期频繁发生的疯牛病、新鲜水果蔬菜食品中毒、垃圾“水饺”等食品安全问题使韩国认识到，要从加工阶段以前的生产阶段开始加强农产品等的安全管理。韩国企划预算厅表示，韩国用于制定生产阶段有害物质残留许可标准的研究及基础检测费用预算为 3.54 亿韩元（约 30 万美元），希望通过 GAP 制度的引入，提高韩国农产品在安全性方面对进口农产品的竞争力。

1. 认证组织

韩国农林水产省下属的国立农产品质量管理院（NAQS）是韩国专门负责制定认证标准、实施审查认证、进行事后跟踪管理的国家权威机构，在全国有 9 个省级办事处，还有 84 个区域办公室。

2. 认证范围

韩国国立农产品质量管理院认为，经过质量认证的产品是由政府担保的安全的植物和动物产品，这些产品中含有的化学物质，例如化学杀虫剂、化学肥料和饲料添加剂，或者在生产中使用的化学物质都低于最合适的水平。

质量认证的产品类型主要有：农药残留量在标准 1/2 以下的“低农药农产品”、不施农药的“无农药农产品”、不施农药和化肥超过一年的“转换期有机农产品”和不施农药和化肥超过三年的“有机农产品”。每一种农产品都有具体、严格的认证标准。韩国国立农产品质量管理院将有机农产品、无农药农产品、低农药农产品和一般植物产品和畜产品定义如下。

①有机农产品：是指在栽培过程中没有使用过化学肥料和农药的农产品。

②无农药农产品：是指在生产过程中没有使用过化学农药的农产品。

③低农药农产品：是指在生产过程中喷射的化学农药低于安全标准的 1/2 的农产品。

④一般农产品和畜产品：植物产品是指在生产过程中合理使用化学肥料和农药的农产品，畜产品指饲养过程中没有使用过育肥药物。

对认证农产品的质量认证管理，是根据认证标准对农民进行生产和流通指导。严格的管理制度力图避免假冒伪劣农产品进入流通领域，提高国民对农产品的信任度。以环保型农产品为例，申请者只有在经营管理、种子、用水、土壤、栽培方法、产品质量及包装等方面全部符合规定标准，才能领到认证证书。一次认证有效期一年，改变“一次认证定终身”的做法，以巩固和提高环保型农业经营质量。对严重违规及弄虚作假行为实行严格的惩处，除取消认证资格外，还要根据情节予以处罚和罚款。如对以欺骗手段获得认证、对未经认证的产品使用环保型农产品标志、掺假搭售未经认证的农产品等行为，分别处以3年以下徒刑或3 000万韩元以下罚款。

四、法规体系

韩国主要的食品安全技术法规包括《水产物品质管理法》《粮谷管理法》《家畜传染病预防法》《畜产法》《种畜等的生产能力、规格标准》《畜产品加工处理法》《饲料管理法》《肥料管理法》《植物防疫法》《水产品的生产、加工设施及海域卫生管理标准》《水产品法》《水产品检验法》《食品卫生法》《酒税法》《食品公典》《食品添加剂分析法》等。1997年颁布的《亲环境农业育成法》是一部关于农产品认证的专门法律，法律对有机农产品、转换期农产品、无农药农产品和低农药农产品认证进行了明确规定。韩国还加强了在法律制修订方面的力度，修订了《食品卫生法》《畜产品物加工处理法》《农产物品质管理法》《水产物品质管理法》《农药管理法》《畜禽传染病预防法》《饲料法》《植物防疫法》等法律。

1.《食品卫生法》和《食品卫生法实施条例》

韩国的《食品卫生法》是为了保障韩国公众身体健康，防止因食品造成的卫生污染和危害，提高食品的营养质量而制定的。此法涉及食品、食品添加剂、设备、容器、包装材料、标签、代码以及食品检验、食品的生产经营活动和厨师营养专家、食品卫生审议会、食品卫生组织行政处罚等方面的规定，是一部有关食品方面综合性的法规。制定《食品卫生法实施条例》的目的是规定食品卫生法的细则和法规执行的相关规定。

2.《植物防疫法》

1961年12月30日制定《植物防疫法》《植物防疫法施行规则》和《输入植物检疫规则》，执行机关为国立植物检疫所，检疫对象为谷类、饲料、原木、苗木、水果、蔬菜、韩药材及植物性产物1 000余种，并根据世界贸易组织《卫生与植物卫生检疫措施协定》（WTO/SPS协定）的有关规定修改了《植物防疫法》，并按照国际标准对进口植物实行有关病害虫管理。该法规定：凡进口植物（含容器及包装）及明令禁止的品种，必须及时向国立植物检疫机构申报并接受检查；进口的植物等必须附带由出口国政府机构发给的、标明经检查没有携带有关病害虫的检查证明书或复印件（与原件一致的、由签发机构或检查官直接署名、盖章），否则不得进口。

3.《水产物品质管理法》

此法包括水产品的质量管理、水产加工产业的培育与管理、指定海域的指定及生产、加工设备的注册管理、水产品及水产加工品的检查、移植用水产品的检疫、水产品的安全性调查以及其他补充法规、惩罚法规等。制定此法的目的是通过对水产品进行适当的质量管理，提高水产品的商品性及稳定性，扶植水产品加工产业，从而提高韩国渔民的收入，保护消费者的利益。

为防止口蹄疫等恶性家畜传染病的流入，韩国政府制定并颁布了《粗饲料进口卫生条件》。除澳大利亚等 18 个国家外，其他未列入不受限国家名单的国家和地区生产的粗饲料（指稻草、麦秆、草料类作物，青饲料作物，生物发酵饲料作物，饲料用根菜类、野菜类、树叶类，通过保持自然状态或进行干燥处理，以及一般截断或粉碎切割后生产的饲料）向韩国出口时，必须是韩国政府认可的设施和工厂经消毒和高温处理后生产的粗饲料，而且必须用密封集装箱运输，出口国政府还需签发相应的出口检疫证书。该制度已于 2001 年 7 月 28 日实施。

韩国舆论对转基因食品给人体健康带来的安全性等问题的宣传普遍持保留态度，公众对转基因食品有不同程度的担心。韩国食品医药品安全厅制定颁布了《转基因食品标识基准》，并于 2001 年 7 月 13 日开始实施。按照该基准，对于生产、加工和进口的大豆及玉米制品、豆粉、玉米淀粉、辣椒酱、面包、点心、婴儿食品等 27 类食品及食品添加剂，其制造过程中使用的 5 种主要原材料中，只要有 1 种以上为转基因技术种植、培育及养殖的农、畜、水产品，且基因变异 DNA 或外来蛋白质存留在最终产品时，均须进行标识。

4. 韩国食品安全标准的内容和制定

韩国食品质量安全标准主要分两类：一类是安全卫生标准，包括动植物疫病、有毒有害物质残留等，该类标准由卫生部门制定；另一类是质量标准和包装规格标准，由农林部下属的农产物品质研究院负责制定。目前安全卫生标准已达 1 000 多个，质量和包装标准达到 750 多个。

韩国建立食品标准的程序：从产地到销售地点调查产品的质量和包装条件后，再从生产者、销售者、科研部门及相关机构征求各种意见，通过仔细讨论，由委员会确定产品标准。依据食品的质量因子如风味、色泽和大小对其进行分级，并采用标准的包装材料对其进行包装，对同种产品贴上相同的标签，这一系列过程统称为食品标准化。食品的标准化有利于提高消费者的信任度。在产地，生产者按标准对食品进行分级包装和运输。为了防止销售违法农产品，在市场上还经常对产品质量、包装和商标进行检查。

五、水产品认证制度

韩国海洋水产部为了提高国内水产品的品质标准，以符合国际要求，修订了以前的认证制度。

韩国水产品品质认证制度是 1993 年开始实施的，其内容为：政府指定水协和生产者团体为品质认证机关，渔业人员生产的水产品由国家来保证其质量，并在扩大渔民收入的同时，保护消费者的利益。但是，其制度中一般用肉眼观察水产品的外部来辨别其品质的做法和非科学性、非计量化的运营方式，很难得到消费者的信任。根据此种情况，海洋水产部计划，按照 WHO 和 FAO 共同运营的 CODEX 及 ISO 的要求，把水产品的品质基准计量化的同时确保品质认证标准的客观性和透明性。

韩国海洋水产部为了实现此计划，把水产品种类从水产品、特产品、传统食品 3 类认证品种分为新鲜生鱼片用水产品、冷冻生鱼片用水产品、冷冻水产品、指定海域生产贝类等，其他 68 个认证种类也分为 100 多个细目。此外，在对认证种类的产品提高其生产和制造设施的卫生标准，在建立品质认证审查及管理系统的同时，设专用流通网和专卖店实施召回制度，从生产地到百姓餐桌，保证其新鲜度与安全性。

水产品品质认证制度修正案使消费者可以了解到水产品生产、制造、流通的全过程，可以促进水产品质量的提高，有利于恢复消费者的信任。

六、过敏原标识

韩国《食品标签标准》中要求，任何食品含有规定的 11 种过敏原中的一个或多个作为原料成分，必须以韩语标签进行说明。例如，含鸡蛋的饼干——鸡蛋；使用蛋黄为原料的饼干——蛋黄（鸡蛋）；使用鸡蛋或蛋黄为原料的加工食品——鸡蛋、蛋黄（鸡蛋）。其规定的 11 种过敏原除了常见的 8 种外，还包括了猪肉、番茄和桃子，另外还将鱼明确为鲭鱼、甲壳类明确为螃蟹。

第四章　国内农产品标签标识法规及标准

一、引言

健全完善包装标识制度是全面提高我国农产品质量安全水平的一项基础工作，它不仅有利于保护广大消费者的知情权，增强消费者的购买信心，提高农产品质量安全追溯效率，更可大大提升农产品档次，增加生产者的收入，还是保护农产品生产者利益的重要手段。

在中国，认证认可工作由国家认证认可监督管理委员会统一管理、监督和综合协调，正在向“统一管理、规范运作、共同实施的食品、农产品认证认可工作”的方向努力，拟建“从农田到餐桌”全过程的食品、农产品认证认可体系。目前，国内的食品认证主要有饲料产品认证、良好农业规范（GAP）认证、无公害农产品认证、有机产品认证、食品质量认证、HACCP管理体系认证、绿色市场认证等；关于食品安全的法律主要有《中华人民共和国产品质量法》《中华人民共和国标准化法》《中华人民共和国农产品质量安全法》《中华人民共和国食品卫生法》《中华人民共和国进出口商品检验法》《中华人民共和国进出境动植物检疫法》《中华人民共和国国境卫生检疫法》《中华人民共和国动物防疫法》等；关于食品安全的行政法规主要有《国务院关于加强食品等产品安全监督管理的特别规定》《中华人民共和国认证认可条例》《中华人民共和国进出口商品检验法实施条例》《中华人民共和国进出境动植物检疫法实施条例》《中华人民共和国兽药管理条例》《中华人民共和国农药管理条例》《中华人民共和国出口货物原产地规则》《饲料和饲料添加剂管理条例》《农业转基因生物安全管理条例》等；关于食品安全的部门规章有《食品生产加工企业质量安全监督管理实施细则（试行）》《食品卫生许可证管理办法》《食品添加剂卫生管理办法》《进出境肉类产品检验检疫管理办法》《进出境水产品检验检疫管理办法》《流通领域食品安全管理办法》《农产品产地安全管理办法》《农产品包装和标识管理办法》《出口食品生产企业卫生注册登记管理规定》等。

1. 食用农产品定义

已纳入国家食品药品监督管理总局发布的食品生产许可分类目录的产品，属于食用农产品。未纳入国家食品药品监督管理总局发布的食品生产许可分类目录，根据《食用农产品市场销售质量安全监督管理办法》判定属于食用农产品，但省级食品药品监督管理部门已发放食品生产许可的，按照食品管理。

食用农产品，指在农业活动中获得的供人食用的植物、动物、微生物及其产品。

农业活动，指传统的种植、养殖、采摘、捕捞等农业活动，以及设施农业、生物工程等现代农业活动。植物、动物、微生物及其产品，指在农业活动中直接获得的，以及经过分拣、去皮、剥壳、干燥、粉碎、清洗、切割、冷冻、打蜡、分级、包装等加工，但未改变其基本自然性状和化学性质的产品。

2. 食用农产品标签标识法规及标准

销售食用农产品可以不进行包装。销售未包装的食用农产品，应当在摊位（柜台）明显位置如实公布食用农产品名称、产地、生产者（或者销售者名称、姓名）等信息。鼓励采取附加标签、标示带、说明书等方式标明食用农产名称、产地、生产者或者销售者名称或者姓名、保存条件以及最佳食用期等内容。

包装后的食用农产品（包括进口食用农产品）不因其包装改变其属性，其标签标识应按照相关法律法规。

销售按照规定应当包装或者附加标签的食用农产品，在包装或者附加标签后方可销售。包装或者标签上应当按照规定标注食用农产品名称、产地、生产者、生产日期等内容；对保质期有要求的，应当标注保质期；保质期与贮藏条件有关的，应当予以标明；有分级标准或者使用食品添加剂的，应当标明产品质量等级或者食品添加剂名称。食用农产品标签所用文字应当使用规范的中文，标注的内容应当清楚、明显，不得含有虚假、错误或者其他误导性内容。

销售获得无公害农产品、绿色食品、有机农产品等认证的食用农产品以及省级以上农业行政部门规定的其他需要包装销售的食用农产品应当包装，并标注相应标志和发证机构，鲜活畜、禽、水产品等除外。

进口食用农产品的包装或者标签应当符合我国法律、行政法规的规定和食品安全国家标准的要求，并载明原产地，境内代理商的名称、地址、联系方式。进口鲜冻肉类产品的包装应当标明产品名称、原产国（地区）、生产企业名称、地址以及企业注册号、生产批号；外包装上应当以中文标明规格、产地、目的地、生产日期、保质期、储存温度等内容。分装销售的进口食用农产品，应当在包装上保留原进口食用农产品全部信息以及分装企业、分装时间、地点、保质期等信息。

值得注意的是，包装后的食用农产品，其标签不适用《食品安全国家标准　预包装食品标签通则》（GB 7718—2011）、《食品安全国家标准　预包装食品营养标签通则》（GB 28050—2011），但包装上出现任何营养信息时，应遵照《食品安全国家标准　预包装食品营养标签通则》（GB 28050—2011）执行。

包装后的食用农产品未按照上述3条规定要求进行包装和标签标注的，将由县级以上食品药品监督管理部门责令改正，给予警告；拒不改正的，处5 000元以上3万元以下罚款。

3. 农产品包装及标识规定

（1）农产品包装的定义及范围

农产品包装是指对农产品分等、分级、分类后实施装箱、装盒、装袋、包裹、捆扎等活动的过程和结果。

农产品包装的范围：农产品生产企业、农民专业合作经济组织以及从事农产品收购的单位或者个人，销售获得无公害农产品、绿色食品、有机农产品等认证的农产品必须包装，但鲜活畜、禽、水产品除外。

（2）农产品标识的定义、内容及相关规定

农产品标识是指用来表达农产品生产信息、质量安全信息和消费信息的所有标示行为和结果的总称，可以用文字、符号、数字、图案及相关说明物进行表达和标示。农产品标识应当使用规范的中文，标注的内容应当准确、清晰、显著。

标识内容：应当在包装物上标注或者附加标识标明品名、产地、生产者或者销售者名称、生产日期。

未包装的农产品，应当采取附加标签、标识牌、标识带、说明书等形式标明农产品的品名、生产地、生产者或者销售者名称等内容。有分级标准或者使用添加剂的，还应当标明产品质量等级或者添加剂名称。销售获得无公害农产品、绿色食品、有机农产品、农产品地理标志等质量标志使用权的农产品，应当标注相应标志和发证机构。转基因农产品，应当按照农业转基因生物安全管理的有关规定进行标识。依法需要实施检疫的动植物及其产品，应当附具检疫合格标志、检疫合格证明。

（3）保质期

保质期是指在规定的贮存条件下，保持农产品质量安全水平和消费品质的最长时限或者允许销售的终止日期。

（4）农产品生产日期

不同农产品的生产日期含义不同：植物产品一般是指收获日期；畜禽产品是指屠宰或者产出日期；水产品是指起捕日期；其他产品是指包装或者销售时的日期。

二、起源及发展

从 1995 年颁布《中华人民共和国食品卫生法》规范定型包装食品标识以来，我国对食品标识管理的力度正在逐步加大，相继出台了相关法律法规，逐步规范食品标识管理。2002 年，农业部颁布《农业转基因生物标识管理办法》，规定列入标识管理目录并用于销售的转基因食品，应当进行强制性标识。同年，卫生部颁布《转基因食品卫生管理办法》，要求凡是上市销售的转基因食品都必须进行标识。2006 年《新资源食品管理办法》经卫生部部务会议讨论通过，2007 年 12 月 1 日起已执行，同时废止了《转基因食品卫生管理办法》。

2006 年，农业部《畜禽标识和养殖档案管理办法》出台，明确规定对畜禽及其产品进行标识管理。2006 年 11 月开始实施的《中华人民共和国农产品质量安全法》和《农产品包装和标识管理办法》，填补了我国农产品标识管理专门法律依据的空白，标志着我国农产品标识管理步入法制化轨道。此外，在食品认证信息标识方面，我国已实施《无公害农产品标志管理办法》《绿色食品标志管理办法》《有机产品认证管理办法》等相关管理办法；在食品营养信息标识方面，卫生部 2007 年出台了《食品营养标签管理办法》。

2009 年新实施的《中华人民共和国食品安全法》《食品标识管理规定》对现在消费者普遍关心的食品生产许可证编号、食品添加剂、产品产地等内容的标注做出了明确规定。同时废止了《中华人民共和国食品卫生法》《查处食品标签违法行为规定》。2011 年国家食品药品监督管理局食品许可司拟发布《保健食品标签说明书管理规定》和《保健食品标签说明书标注指南》，其中，辐照食品被首次要求在标签上必须标明“经辐照”字样。根据《国务院关于第四批取消和调整行政审批项目的决定》规定，对进出口食品标签进行审批的行政审批项目已经取消，2009 年 4 月《进出口食品标签管理办法》被废止。

三、现存各类农产品标签标识法规

自从 1995 年世界贸易组织《技术性贸易壁垒协议》（TBT）和《卫生与植物卫生措施协定》（SPS）确认国际贸易中解决争端的国际标准为国际食品法典委员会（CAC）标准后，CAC 标准在国际社会中的影响力越来越大。考虑到各国食品标签法规在标准规范上的差异会造成食品国际贸易中的技术壁垒，CAC 专门成立了一个食品标签法规委员会（CCFL/CAC）。CAC 关于食品标签的法规、标准主要有 CAC/GL 1《声称通用指南》、CAC/GL2《营养标签指南》、CAC/GL 23《营养和健康声称使用指南》、CODEX STAN 146《特殊膳食的预包装食品标签和声称通用标准》、CODEX STAN 1《预包装食品标签通用标准》、CODEX STAN 180《特殊疗效作用食品的标签及说明》、CAC/GL 32《有机食品生产、加工、标识和销售指南》等。

这些规范文件起到了协调和推动各国食品标签法规大体趋于一致的积极作用。我国的食品标签标准是参照 CAC 的系列标准制定的，所以，我国的食品标签标准和 Codex 系列标准在原则上是基本相同的。总的来说，主要差异是我国的食品标签标准没有 Codex 标准规定得详细，尤其是我国的食品标签标准体系对于消费者权益保护的条款与国际食品法典的标准相比明显不足。例如：CODEX STAN 1《预包装食品标签通用标准》中规定，因为一些食品成分具有致敏性，须强制性标注。而我国的 GB 7718 一直没有做出相关的规定，直到 2011 年才在 GB 7718—2011 中做出推荐性要求。

我国的《食品标签通用标准》（GB 7718—87）是参照食品法典委员会 CODEX STAN 1-1985 制订的，1987 年国家标准局、中国食品工业协会、轻工业部、商业部、农牧渔业部和国家商检局联合发布关于实施《食品标签通用标准》的规定，规定凡制造包装食品的各类企业和个体工商户都必须按 GB 7718 设计、印制、使用食品标签。之后，又参照 Codex 的系列标准发布了《饮料酒标签标准》（GB 10344—89）和《特殊营养食品标签》（GB 13432—92）等标准。

目前，我国现行的主要强制性食品标签标准有《食品安全国家标准　预包装食品标签通则》（GB 7718—2011），《食品安全国家标准　预包装特殊膳食用食品标签通则》（GB 13432—2004），《食品安全国家标准　预包装饮料酒标签通则》（GB 10344—2005）3 项标准。另外在上述 3 项主要标签标准的基础上，还有一些产品的国家标准和行业标准对标签作了一些特殊规定。

我国已经发布的《食品安全国家标准　预包装食品标签通则》和《食品安全国家标准　预包装特殊膳食用食品标签通则》规范了食品标签的基本要求、强制性标示内容及非强制标示内容以及能量营养素含量水平、比较和作用的声明等。但这些标准仅适用于预包装食品和特殊膳食食品。而我国目前消费量及出口量都十分巨大的初级农产品却没有标签标识的国家标准进行统一的规范和要求，造成初级农产品标签标识不规范，标签内容五花八门，标识混乱，不但不能准确地反映农产品本身的属性、成分、含量、产地和生产厂家、接受检验和认证的信息等，使消费者在购买初级农产品时无法准确识别自己想要的产品。更为严重的是在发生食品安全、农产品贸易纠纷等严重问题时，无法根据产品的标签和标识进行追溯，追究责任人和加强管理。因此为加强对农产品生产、加工和销售的监督和管理，急需开展农产品标签标识的法规和标准的前期研究，为制定我国农产品标签标识标准提供技术依据和研究基础。

与食品标签规定相关的法律法规还有《中华人民共和国标准化法》《中华人民共和国产品质量法》《中华人民共和国反不正当竞争法》《中华人民共和国消费者权益保护法》《中华人民共和国商标法》《中华人民共和国食品安全法》《中华人民共和国农产品质量安全法》

《食用农产品包装和标识管理办法》《卫生部关于进一步规范保健食品原料管理的通知》《母乳代用品销售管理办法》《产品标识标注规定》等。

当前我国食品、食用农产品标签标识还存在诸多问题，如标签标注内容不真实，有些存在误导、欺骗的描述标签上不采用食品真实属性的名称，还有些产品标注的名称不能清楚地反映产品的真实属性。例如，某公司经销的乳饮料，其包装上标为“生鲜乳”饮料，饮料两字却非常小，几乎可以被忽略。从目前市场状况来看，没有哪种技术能保证生鲜乳在作为商品投放市场的这段时间内不受微生物污染，况且产品经过任何一种加工也就失去了“生鲜”的意义，何况又加工成完全不属于同一产品属性的饮料，所以这种模糊的标注很容易对消费者产生误导；对进出口食品标签重视不够，特别是出口食品标签，国内企业面对各国设立的名目繁多的标签、包装方面的要求，因为信息不畅没有及时了解，或是因为自身条件无法达到要求，造成巨大损失。例如，出口美国的食品标签未包含致敏原，出口日本的食品没有标注产地等。

1.《中华人民共和国农产品质量安全法》

在《中华人民共和国农产品质量安全法》（简称《农产品质量安全法》中关于包装标识的条款共一章 5 条，其中第二十八条是界定哪些农产品应当包装标识的，是总领全章的条款。第二十八条规定：“农产品生产企业、农民专业合作经济组织以及从事农产品收购的单位或者个人销售的农产品，按照规定应当包装或者附加标识的，须经包装或者附加标识后方可销售。包装物或者标识上应当按照规定标明产品的品名、产地、生产者、生产日期、保质期、产品质量等级等内容；使用添加剂的，还应当按照规定标明添加剂的名称。”

我国《农产品质量安全法》规定了农产品标识制度，但该法只规定农产品包装物或者标识上应当按照规定标明产品的品名、产地、生产者、生产日期、保质期、产品质量等级和添加剂的名称等内容。

在《农产品质量安全法》中，强制性规定了从事农产品生产流通销售的实体须对农产品进行包装或附加标识后方可销售。说明了包装物上应当标识的各项内容。对保鲜剂、防腐剂、添加剂等材料的使用说明，转基因生物的农产品，动植物检验检疫，符合农产品质量安全农产品的标识等均进行了说明和规定。

农产品生产企业、农民专业合作经济组织以及从事农产品收购的单位或者个人销售的农产品，按照规定应当包装或者附加标识的，须经包装或者附加标识后方可销售。包装物或者标识上应当按照规定标明产品的品名、产地、生产者、生产日期、保质期、产品质量等级等内容；使用添加剂的，还应当按照规定标明添加剂的名称。具体办法由国务院农业行政主管部门制定。

农产品在包装、保鲜、贮存、运输中所使用的保鲜剂、防腐剂、添加剂等材料，应当符合国家有关强制性的技术规范。对于农业转基因生物的农产品，应当按照农业转基因生物安全管理的有关规定进行标识。依法需要实施检疫的动植物及其产品，应当附具检疫合格标志、检疫合格证明。销售的农产品必须符合农产品质量安全标准，生产者可以申请使用无公害农产品标志。农产品质量符合国家规定的有关优质农产品标准的，生产者可以申请使用相应的农产品质量标志。禁止冒用前款规定的农产品质量标志。

违反本法第二十八条规定，销售的农产品未按照规定进行包装、标识的，责令限期改正；逾期不改正的，可以处二千元以下罚款。

有本法第三十三条第四项规定情形，使用的保鲜剂、防腐剂、添加剂等材料不符合国家有关强制性的技术规范的，责令停止销售，对被污染的农产品进行无害化处理，对不能进行无害化处理的予以监督销毁；没收违法所得，并处二千元以上两万元以下罚款。

违反本法第三十二条规定，冒用农产品质量标志的，责令改正，没收违法所得，并处二千元以上两万元以下罚款。

本法第四十四条、第四十七条至第四十九条、第五十条第一款、第四款和第五十一条规定的处理、处罚，由县级以上人民农业行政主管部门决定；第五十二条第二款、第三款规定的处理、处罚，由工商行政部门管理规定。

2.《农产品包装标识和管理办法》

《农产品包装和标识管理办法》从农产品标识内容、标识形式、标识文字图形要求等方面做了明确规定，特别是对于无公害农产品、绿色食品、有机农产品等质量标志使用权的农产品，标注相应标志和发证机构，以便保证农产品质量安全的可追溯性。

《农产品包装和标识管理办法》规定，农产品包装应当符合农产品贮藏、运输、销售及保障安全要求，以便于拆卸和搬运；包装农产品的材料和所用的保鲜剂、防腐剂、添加剂等物质，必须符合国家强制性的技术规范要求；包装农产品应注意防止机械损伤和二次污染。

农产品包装：是指对农产品实施装箱、装盒、装袋、包裹、捆扎等。

保鲜剂：是指保持农产品新鲜品质，减少流通损失，延长贮存时间的人工合成化学物质或者天然物质。

防腐剂：是指防止农产品腐烂变质的人工合成化学物质或者天然物质。

添加剂：是指为了改善农产品品质和色香味以及加工性能加入的人工合成化学物质或者天然物质。

生产日期：植物产品是指收货日期；畜禽产品是指屠宰或者产出日期；水产品是指起捕日期；其他产品是指包装或者销售时的日期。

《农产品包装和标识管理办法》也规定得很明确。按该规定的第三章第十条来理解，除自产自销农产品外的所有农产品都应该有标识，包装销售的农产品可以在包装上标识或另附标识。《农产品包装和标识管理办法》第三章第十条的规定，除自产自销外的所有生产者、经营者都应对农产品进行标识，除鲜活畜、禽、水产品外的“三品”还必须包装，从个体生产者处购买的农产品用于贩卖时也要进行标识。

农产品生产企业、农民专业合作经济组织以及从事农产品收购的单位或者个人包装销售的农产品，应当在包装物上标注或者附加标识标明品名、产地、生产者或者销售者名称、生产日期。

有分级标准或者使用添加剂的，还应当标明产品质量等级或者添加剂名称。

未包装的农产品，应当采取附加标签、标识牌、标识带、说明书等形式标明农产品的品名、生产地、生产者或者销售者名称等内容。

农产品标识所用文字应当使用规范的中文。标识标注的内容应当准确、清晰、显著。

销售获得无公害农产品、绿色食品、有机农产品等质量标志使用权的农产品，应当标注相应标志和发证机构。

禁止冒用无公害农产品、绿色食品、有机农产品等质量标志。

畜禽及其产品、属于农业转基因生物的农产品，还应当按照有关规定进行标识。

《农产品包装和标识管理办法》规定：农产品生产企业、农民专业合作经济组织以及从事农产品收购的单位或者个人，应当对其销售农产品的包装质量和标识内容负责。有下列情形之一的，由县级以上人民政府农业行政主管部门按照《农产品质量安全法》第四十八条、四十九条、五十一条、五十二条的规定处理、处罚：①使用的农产品包装材料不符合强制性技术规范要求的；②农产品包装过程中使用的保鲜剂、防腐剂、添加剂等材料不符合强制性技术规范的；③应当包装的农产品未经包装销售的；④冒用无公害农产品、绿色食品等质量标志的；⑤农产品未按照规定标识的。

《农产品包装和标识管理办法》规定：农产品生产企业、农民专业合作经济组织以及从事农产品收购的单位或者个人包装销售的农产品，应当在包装物上标注或者附加标识标明品名、产地、生产者或者销售者名称、生产日期，农产品符合农产品质量安全标准的，生产者可以申请使用无公害农产品标识；农产品质量符合国家规定的有关优质农产品标准的，生产者可以申请使用相应的农产品质量标志。

3.《全面推进“农产品标识计划”的实施意见》

在 2007 年农业部印发的《全面推进“农产品标识计划”的实施意见》中，对实施农产品标签标识主要体现在以下 7 个方面：规范农产品标识；强化标识监督检查；推进生产档案管理；创建产地标识准出示范县；创建销区标识准入示范城市；建立全国统一的农产品标识管理信息平台；开展标识考评活动。对于农产品标签标识的规范主要体现在：明确说明了农产品标识包含的具体内容至少应包括品名、产地、生产者和生产档案号等四项；生产日期、保质期、产品质量等级、添加剂等其他内容可参照有关规定进行标识。该实施意见与《中华人民共和国农产品质量安全法》对农产品标签标识的说明规定保持一致。

4.《农作物种子标签管理办法》

《农作物种子标签管理办法》规定农作物种子标签应当标注作物种类、种子类别、品种名称、产地、种子经营许可证编号、质量指标、检疫证明编号、净含量、生产年月、生产商名称、生产商地址以及联系方式。属于下列情况之一的，应当分别加注：主要农作物种子应当加注种子生产许可证编号和品种审定编号；两种以上混合种子应当标注“混合种子”字样，标明各类种子的名称及比率；药剂处理的种子应当标明药剂名称、有效成分及含量、注意事项，并根据药剂毒性附骷髅或十字骨的警示标志，标注红色“有毒”字样；转基因种子应当标注“转基因”字样、商品化生产许可批号和安全控制措施；进口种子的标签应当加注进口商名称、种子进出口贸易许可证编号和进口种子审批文号；分装种子应注明分装单位和分装日期；种子中含有杂草种子的，应加注有害杂草的种类和比率。

5.《农业转基因生物标识管理办法》

《农业转基因生物标识管理办法》规定：转基因动植物（含种子、种畜禽、水产苗种）和微生物，转基因动植物、微生物产品，含有转基因动植物、微生物或者其产品成分的种子、种畜禽、水产苗种、农药、兽药、肥料和添加剂等产品，直接标注“转基因 ××”。

转基因农产品的直接加工品，标注为“转基因 ×× 加工品（制成品）”或者“加工原料为转基因 ××”，用农业转基因生物或用含有农业转基因生物成分的产品加工制成的产品，但最终销售产品中已不再含有或检测不出转基因成分的产品，标注为“本产品为转基因 ×× 加工制成，但本产品中已不再含有转基因成分’或者标注为‘本产品加工原料中有转基因 ××，但本产品中已不再含有转基因成分”。

农业转基因生物标识应当醒目，并和产品的包装、标签同时设计和印制。难以在原有包装、标签上标注农业转基因生物标识的，可采用在原有包装、标签的基础上附加转基因生物标识的办法进行标注，但附加标识应当牢固、持久。

难以在每个销售产品上标识的快餐业和零售业中的农业转基因生物，可以在产品展销柜（台）上进行标识，也可以在价签上进行标识或者设立标识板（牌）进行标识。销售无包装和标签的农业转基因生物时，可以采取设立标识板（牌）的方式进行标识。装在运输容器内的农业转基因生物不经包装直接销售时，销售现场可以在容器上进行标识，也可以设立标识板（牌）进行标识。销售无包装和标签的农业转基因生物，难以用标识板（牌）进行标注时，销售者应当以适当的方式声明。进口无包装和标签的农业转基因生物，难以用标识板（牌）进行标注时，应当在报检（关）单上注明。有特殊销售范围要求的农业转基因生物，还应当明确标注销售的范围，可标注为“仅限于、×× 销售（生产、加工、使用）”。农业转基因生物标识应当使用规范的中文汉字进行标注。

6.《畜禽标识和养殖档案管理办法》

《畜禽标识和养殖档案管理办法》明确了畜禽标识的准确定义。畜禽标识是指经农业部批准使用的耳标、电子标签、脚环以及其他承载畜禽信息的标识物。畜禽标识实行一畜一标，编码应当具有唯一性。畜禽标识编码由畜禽种类代码、县级行政区域代码、标识顺序号共 15 位数字及专用条码组成。猪、牛、羊的畜禽种类代码分别为 1、2、3。编码形式为 ×（种类代码）–××××××（县级行政区域代码）–××××××××（标识顺序号）。

7.《中华人民共和国产品质量法》

《中华人民共和国产品质量法》规定，产品或者其包装上的标识必须真实，并符合下列要求：有产品质量检验合格证明；有中文标明的产品名称、生产厂厂名和厂址；根据产品的特点和使用要求，需要标明产品规格、等级、所含主要成分的名称和含量的，用中文相应予以标明，需要事先让消费者知晓的，应当在外包装上标明，或者预先向消费者提供有关资料；限期使用的产品，应当在显著位置清晰地标明生产日期和安全使用期或者失效日期；使用不当，容易造成产品本身损坏或者可能危及人身、财产安全的产品，应当有警示标志或者中文警示说明；裸装的食品和其他根据产品的特点难以附加标识的裸装产品，可以不附加产品标识。

四、现存各类农产品标签标识标准

1. 畜禽肉类

我国现有的畜禽肉类农产品标签标识的相关标准，包括畜禽标识鱼屠宰及加工后的农产品标识等（表 6）。畜禽饲养阶段针对猪、牛、羊等动物标识的相关标准较多，对于宰后加工产品的标签标识规定则相对不足。

表 6　我国畜禽肉类农产品标签标识标准

标准号	标准名	内容
NY/T 3383—2020	畜禽产品包装与标识	规定了畜禽产品包装与标识的术语和定义、包装和标识要求
DB 32/T 1537—2009	猪、牛、羊耳标标识技术规范	规定了猪、牛、羊耳标标识的标准样式、质量控制、耳标佩戴和管理的基本技术要求
DB 31/T 341—2005	动物电子标识通用技术规范	规定了基于射频识别（RFID）技术的动物电子标识的性能、封装形式、动物标识编码、数据传输信号接口和指令等内容
DB 22/T 2493—2016	家畜标识佩戴管理规范	规定了家畜标识的佩戴原则、要求和标识管理

2. 禽蛋类

我国当前禽蛋类农产品以鸡蛋为主，针对鸡蛋的标签标识，我国商业标准《鲜蛋包装与标识》（SB/T 10895—2012）中进行了详细规定，同样四川省的地方标准也对于禽蛋类农产品的标识进行了规范。我国禽蛋类农产品标签标识标准如表 7 所示。

表 7　我国禽蛋类农产品标签标识标准

标准号	标准名	内容
SB/T 10895—2012	鲜蛋包装与标识	规定了鲜蛋生产、流通过程中包装与标识的要求
DB 51/T 2473—2018	禽蛋喷码标识管理规范	规定了四川省禽蛋喷码标识术语和定义、基本要求、标识规范、喷码要求等

3. 粮谷类

我国当前粮谷类农产品标签标识相关的标准与法规共有 5 部，其中团体标准 1 部、国家标准 1 部、地方标准 3 部（表 8），内容涉及种子标签、特殊农产品（全谷物食品和无公害玉米）和农产品溯源标签。

表 8　我国粮谷类农产品标签标识标准

标准号	标准名	内容
T/CNSS 008—2021	全谷物及全谷物食品判定及标识通则	规定了全谷物及全谷物食品判定指标和标签标识
GB 20464—2006	农作物种子标签通则	规定了农作物商品种子标签的标注内容、制作要求，还确立了其使用监督的检查范围、内容以及质量判定规则

（续表）

标准号	标准名	内容
DB 510422/T 056—2012	无公害玉米标签标识准则	规定了盐边县无公害玉米标识标签的标识内容和标识要求
DB 22/T 2320—2015	粮食产品追溯标识设计要求	规定了粮食产品追溯标识设计的术语和定义、粮食产品追溯的标识与载体
DB 22/T 1936—2013	粮食产品质量安全追溯编码与标识指南	规定了粮食产品质量安全追溯的术语和定义、可追溯项目的分层结构、可追溯性数据编码规则、信息标识和不同环节可追溯项目标签编码

4. 水果蔬菜类

我国果蔬类农产品（含茶类）标签标识标准如表 9 所示。箱装瓜果的标签标识内容主要集中在对包装箱体的标签标识上。《苹果、柑桔包装》（GB/T 13607—1992）引用《包装储运图示标志》（GB/T 191—2008）和《运输包装收发货标志》（GB/T 6388—1986）说明包装容器的标识内容和包装标志。

对销售包装和运输包装的苹果、柑橘，包装的第 3 面应标明纸箱生产厂名或代号；包装的 2、4 面标志应相同，左上角为注册商标，右上角选用 GB/T 191—2008 中的怕湿和堆码极限两种图示标志，中间为产品名称和美术图案，下方为经营单位具体名称；包装的 5、6 面标志应相同，左上角选用 GB/T 6388—1986 中的农副产品标志，左下角为商品条形码（出口优质商品），中间纵向列有“品种——”、“等级——”、“数量——”、“规格——”。

表 9　我国果蔬类农产品（含茶类）标签标识标准

标准号	标准名	内容
T/XFDSX 0001—2021	电商销售水果包装与标识规范	规定了电子商务店铺销售水果的包装与标识的术语和定义、包装材料、包装标识等要求
T/WHTD 007—2018	潇湘茶产品标识及陈列规范	规定了潇湘茶产品的标识、陈列规范
T/PDNXH 403—2017	南汇甜瓜包装标识规范	规定了南汇甜瓜包装标识规范的术语和定义、标识内容、标注原则、包装、运输和贮存规范
T/PDNXH 303—2017	南汇翠冠梨包装标识规范	规定了南汇翠冠梨（以下简称翠冠梨）包装标识规范的术语和定义、标识内容、标注原则
T/PDNXH 203—2017	南汇水蜜桃包装标识规范	规定了南汇水蜜桃包装标识规范（以下简称水蜜桃）的定义、标识种类、标示内容、标注原则等
T/31PDNXH 103—2017	南汇 8424 西瓜包装标识规范	规定了南汇 8424 西瓜包装标识规范的术语和定义、标识内容、标注原则等

（续表）

标准号	标准名	内容
T/JCCA 3—2018	胶州大白菜包装标识通则	规定了胶州秋季大白菜包装标识相关的包装分级、标签标识、宣传彩页等要求
SB/T 10158—2012	新鲜蔬菜包装与标识	规定了新鲜蔬菜的包装材料、包装容器、包装方法及包装物的标识等技术要求
NY/T 1939—2010	热带水果包装、标识通则	规定了热带水果包装标识、运输、贮存的要求
NY/T 1778—2009	新鲜水果包装标识通则	规定了新鲜水果的包装标识要求
NY/T 1655—2008	蔬菜包装标识通用准则	规定了蔬菜包装标识的要求
NY/T 1577—2007	草籽包装与标识	规定了草籽包装的材料、规格及包装物的标识、标签、封口的要求
DB 510422/T 022—2010	无公害番茄标识标签标准	规定了无公害番茄标识标的标识内容和标识要求
DB 440300/T 24—2003	预包装水果包装和标签要求	规定了深圳市预包装水果标签的基本原则、标注要求、标注内容以及包装要求
DB 65/T 2688—2009	预包装杏包装和标签通则	规定了预包装杏相关的术语和定义以及预包装杏的包装和标签要求
DB 61/T 379—2006	蔬菜外包装箱与标识标注规范	规定了蔬菜外包装箱术语和定义、规格及标识标注的要求
DB 45/T 1648—2017	六堡茶包装标识与运输贮存技术规范	规定了术语和定义及六堡茶的包装、标识、运输、贮存等的技术要求
DB 43/T 654—2011	安化黑茶包装标识运输贮存技术规范	规定了安化黑茶的包装、标识、运输、贮存等的技术要求
DB 41/T 1779—2019	蔬菜质量安全追溯信息编码和标识规范	规定了蔬菜质量安全追溯信息编码和标识的术语和定义、编码原则、编码对象、编码结构和 信息标识
DB 36/T 635—2018	上犹绿茶 标识与销售	规定了上犹绿茶的标识通则、产品的标识要求、标志和销售要求
DB 36/T 496—2018	婺源绿茶 有机茶标识与销售	规定了婺源绿茶有机茶标识和销售的通则、标识和标志要求、销售要求
DB 15/T 1726—2019	"乌兰察布马铃薯"鲜食薯包装与标识	规定了乌兰察布马铃薯鲜食薯的包装材料、包装容器、包装方法及包装物的识别等技术要求

5. 水产品类

我国水产类农产品标签标识标准如表 10 所示。此外，《鲜海水鱼通则》（GB/T 18108—2019）规定应有标签标明鱼种、等级、数量、海区及生产（捕捞）日期等项目；《冻鱼》

（GB/T 18109—2011）中，块冻品表层或最内层包装袋上及小包装和单冻品的外包装上应按GB 7718—2011 要求标示品名、生产厂名、地址、规格、生产日期、保存期、净含量等。

表 10　我国水产类农产品标签标识标准

标准号	标准名	内容
SC/T 3043—2014	养殖水产品可追溯标签规程	规定了养殖水产品追溯标签的术语和定义、技术内容与技术参数、标签材质、标签印制与使用等
SC/T 3035—2018	水产品包装、标识通则	规定了水产品的包装和标识要求
DB 13/T 2232—2015	食用水产品标识规范	规定了食用水产品标识的术语和定义、基本要求、预包装标识内容与介质、储运环节标识内容与介质和散装销售环节标识内容与介质

6. 林产品类

我国林产品占农产品总量的比例较小，因此涉及林产品标签标识的标准和规定较少，目前主要有《黑木耳产品标签》（DB 22/T 1150—2018）和《食用干果类农产品标识》（DB 13/T 1822—2013）两部地方标准（表 11）。

表 11　我国林产品标签标识标准

标准号	标准名	内容
DB 22/T 1150—2018	黑木耳产品标签	规定了黑木耳产品标签的基本要求和基本内容
DB 13/T 1822—2013	食用干果类农产品标识	规定了食用干果类农产品标识的基本要求、标识内容和标识方法

7. 油料作物

《芝麻》（GB/T 11761—2021）、《油菜籽》（GB/T 11762—2006）等油料原料国标中对产品的标签说明如下：应在包装或货位登记卡、贸易随行文件中标明产品名称、质量等级、收获年度、产地，毛重、净重以及防潮标志等内容。转基因产品应按照国家有关规定进行标识。

《花生油》（GB/T 1534—2017）、《大豆油》（GB/T 1535—2017）、《菜籽油》（GB/T 1536—2021）等成品油国标中对油料的标签标识规定如下：除了符合 GB 7718—2011 的规定及要求之外，还有以下专门条款：即产品名称，凡标识“×××”的产品均应符合该标准中对产品名称的说明；转基因产品要按国家有关规定标识。压榨产品、浸出产品要在产品标签中分别标识“压榨”“浸出”字样；原产国，应注明产品原料的生产国名。

8. 花卉

《主要花卉产品等级　第 1 部分：鲜切花》（GB/T 18247.1—2000）对切花的标识要求

注明切花种类、品种名、花色、级别、装箱容量、生产单位、产地、采切时间。

9. 棉、麻制品

《棉花包装》（GB/T 6975—2013）详细说明了棉花包装的技术要求，棉包的外形和尺寸要求，包布，捆扎材料，棉包包索要求，标志等。其中棉包标志内容包括：棉花产地（省、自治区、直辖市和县）、棉花加工单位、棉花质量标识、批号、包号、棉包质量（毛重）、异性纤维含量代号、生产日期；棉花质量标识应符合 GB 1103 系列中相关规定；棉花质量标识应与棉包内在质量相符。

GB 1103 系列中规定棉花质量标识按棉花类型、主体品级、长度级、主体马克隆值级顺序标示，六、七级棉花不标示马克隆值级。

类型代号：黄棉以字母“Y”标示，灰棉以“G”标示，白棉不作标示。

品级代号：一级至七级用“1”……“7”标示。

长度代号：25 毫米至 31 毫米用“25”……“31”标示。

马克隆值级代号：A、B、C 级分别用 A、B、C 标示。

皮辊棉、锯齿棉代号：皮辊棉在质量标示符号下方加横线“—”标示，锯齿棉不作标示。

标志：每一棉包两包头用黑色刷明标志——棉花产地（省、自治区、直辖市和县）、棉花加工单位、棉花质量标识、批号、包号棉包毛重、生产日期、异性纤维。

《棉花　天然彩色细绒棉》（GB 1103.3—2005）对彩色细绒棉质量标识的标示方法及代号说明如下。

彩色细绒棉质量标识按彩色细绒棉类型、主体品级、长度级、主体马克隆值级顺序标示。

类型代号以颜色的文字标识：棕棉以“棕”标示；浅棕棉以“浅棕”标示；绿棉以“绿”标示；浅绿棉以“浅绿”标示。

品级代号：一级至三级用“1”……“3”标示。

长度代号：24 毫米至 30 毫米用“24”……“30”标示。

马克隆值级代号：三个级五个档分别用 A、B1、B2、C1、C2 标示。

皮辊棉、锯齿棉代号：皮辊棉在质量标示符号下方加横线标示，锯齿棉不作标示。

标志：每一棉包两包头用黑色刷明标志——棉花产地（省、自治区、直辖市和县）、棉花加工单位、棉花质量标识、批号、包号、棉包毛重、生产日期、异性纤维。

每包彩色细绒棉都应贴统一的彩棉专用标志。

五、特殊农产品标签标识法规及标准

（一）农产品营养标签

食品营养标签，指食品的外包装上标注营养成分并显示营养信息，以及适当的营养声称和健康声明。目前，已强制性实施营养标签的国家有美国、加拿大、澳大利亚、新西兰、马来西亚、巴西、阿根廷等。一些国际（地区）组织和国家，如CAC、欧盟、日本、新加坡、泰国、越南仅对做出营养声称的食品强制实行营养标签。在实施营养标签的国家中，对生鲜农产品的营养标签要求也不尽相同。

食品营养标签在公平交易、保护消费者权益等方面占有重要地位。营养标签也可以引导消费者建立健康的饮食习惯。我国自2013年正式实施了《食品安全国家标准 预包装食品营养标签通则》（GB 28050—2011）。此标准对预包装食品的营养成分表、营养声称和营养成分功能声称均作了规范。标准要求所有预包装食品营养标签强制标示的内容包括能量、核心营养素的含量值及其占营养素参考值（NRV）的百分比。根据国际上实施营养标签制度的经验，营养标签标准中规定了可以豁免标示营养标签的部分食品范围，主要是包装小、食用量小、生鲜或现制现售的产品等。生鲜食品包括包装的生肉、生鱼、生蔬菜和水果、禽蛋等。生鲜农产品加贴营养标签可以引导消费者购买更优质的食材。美国佛罗里达大学食品和农业科学研究中心的学者研究发现，如果在生鲜鱼类包装上贴上营养标签，消费者可能会乐意购买更多的生鲜水产品。

GB 28050—2011对生鲜农产品豁免主要是考虑到食品形态、既往营养素监测的稳定情况、企业执行能力等方面。但此标准同时提到，对于豁免强制标示营养标签的预包装食品，如果在其包装上出现任何营养信息时，应按照本标准执行。然而，由于不同品种、不同产地、不同年份的生鲜农产品营养成分差异很大，难以按本标准的要求进行定量标注，但不标示营养信息又无法有效引导消费者选购农产品，这是目前亟须解决的矛盾。因此，需要探索适合生鲜农产品自身特点的营养信息标示方法。2017年起，国家卫生健康委开始对GB 28050进行修订。

（二）无公害农产品标签标识

无公害农产品标志作为无公害农产品的身份证明和形象特征，经农业农村部和国家认监委联合公告，由农业农村部农产品质量安全中心发放使用几年来，已产生积极的社会影响，具有一定的市场知名度。为了便于不同类型的农产品使用，农业农村部农产品质量安全中心在原有无公害农产品标识基础上推出了刮开式、锁扣式和捆扎带3种不同使用类型的新版标识。新版标识在标志图案下方增加了“农业农村部农产品质量安全中心”“数码发短信至1066958878”“刮取数码查真伪”等字样。刮开标识的表面涂层找到16位防伪数码，发送全国统一的中国移动、中国联通、中国电信、中国网通四网合一的1066958878手机短信查询，或通过互联网登录 http://www. aasc.gov. cn 的防伪查询栏目可辨别产品真伪。

无公害农产品的识别，首先要看其商标。无公害农产品是不是无公害不是生产者和销售商说了算的，而是通过标志识别来证明的。标准的绿色食品标志由图形（太阳、叶片、蓓蕾组合图）、文字（中文“绿色食品”或同时印有英文“GREENFOOD”字样）和编号（共12位）组成三者缺一不可。绿色食品产品的包装上同时印有绿色食品商标标志、“经中国绿色食品发展中心许可使用绿色食品标志”字样的文字和批准号。如LB-40-9901011231，LB代表“绿标”，40代表“产品类别”，99代表“年份”，01代表“中国”，01代表“北京市”，123代表“当年批准的第123个产品”，1代表“A级绿色食品”（如果是2则代表“AA级绿色食品”）。

中国绿色食品发展中心根据《绿色食品标志管理办法》及国家有关法规精神，要求绿色食品标志产品加贴绿色食品标志防伪标签，以达到对每个使用绿色食品标志的产品及整个绿色食品形象发挥双层保护作用。这样可以严格控制使用标志产品的数量，使产量与申报时所监控的原料供应量相适应，以保证绿色食品标志产品的原料出自监测的原料产地。为便于管理，防止流失，绿色食品防伪标签由中国绿色食品发展中心统一委托定点的专业生产单位印制。任何企业均不得自行生产或从其他渠道获取绿色食品标志防伪标签。许可使用绿色食品标志的产品必须加贴绿色食品标志防伪标签。

绿色食品标志防伪标签的特点与识别：绿色食品标志防伪标签为纸质；标签表面以绿色食品指定颜色印有标志及编号背景为各国货币通用的细密实线条纹图案，在紫外线下可见中国绿色食品发展中心主任的亲笔签名字样，难以仿冒。绿色食品标志防伪标签为专用性，同时印有标志图形和使用标志的编号该标签只能使用在同一编号的绿色食品产品上，即一种产品使用一种标签。绿色食品标志防伪标签应贴于食品标签或其包装正面显著位置，不得掩盖原有绿标、编号等绿色食品的整体形象。企业同一种产品贴用防伪标签的位置及外包装箱封箱用的大型标签的位置应固定，不能随意变化。绿色食品标签上的编号应与产品标签上的编号一致。

（三）绿色食品标签标识

《绿色食品　包装通用准则》（NY/T 658—2015）规定绿色食品外包装上应印有绿色食

品标志，并应明示使用说明及重复使用、回收利用说明。标志的设计和标识方法按有关规定执行。绿色食品标签除应符合 GB 7718 的规定外，若是特殊营养食品，还应符合 GB/T 13432 的规定。

（四）农产品包装标识制度

健全完善包装标识制度是全面提高我国农产品质量安全水平的一项基础工作，它不仅有利于保护广大消费者的知情权，增强消费者的购买信心，提高农产品质量安全追溯效率，更可大大提升农产品档次，增加生产者的收入，还是保护农产品生产者利益的重要手段。

在《农产品质量安全法》中关于包装标识的条款共一章 5 条，其中第二十八条是界定哪些农产品应当包装标识的，是总领全章的条款。第二十八条规定：“农产品生产企业、农民专业合作经济组织以及从事农产品收购的单位或者个人销售的农产品，按照规定应当包装或者附加标识的，须经包装或者附加标识后方可销售。包装物或者标识上应当按照规定标明产品的品名、产地、生产者、生产日期、保质期、产品质量等级等内容；使用添加剂的，还应当按照规定标明添加剂的名称。”此条容易产生误读的内容在于没有明确指出哪些人和哪些农产品应该包装标识，从而影响了实际的操作。如果按照法律的规定做一下拓展和探究，就会发现，其实法律和相关法规对这两点的规定是明确的。对这两个问题应从以下 3 个方面来求证。

（1）哪些产品必须包装的问题

按《农产品包装和标识管理办法》，农业“三品”除鲜活畜、禽、水产品外是必须包装的。另外，还有一些省份如甘肃省，要求对地理标志产品也要包装，对其他产品的包装就没有明确规定了。

（2）哪些产品必须标识的问题

《农产品包装和标识管理办法》也规定得很明确。按该规定的第三章第十条来理解，除自产自销农产品外的所有农产品都应该有标识，包装销售的农产品可以在包装上标识或另附标识。

（3）哪些生产销售者应对农产品进行包装和标识的问题

按《农产品包装和标识管理办法》第三章第十条的规定，除自产自销外的所有生产者、经营者都应对农产品进行标识，除鲜活畜、禽、水产品外的“三品”还必须包装，从个体生产者处购买的农产品用于贩卖时也要进行标识。综上所述，包装的范围小于标识的范围，包装仅对农业“三品”及其他有特殊规定的农产品提出要求，而标识则对于除自产自销外的所有农产品均作出了要求，从个体生产者处购买后贩卖的农产品也必须进行标识。

近年来各部门尤其是农业部门在农产品质量安全方面做了不少工作，但总感觉各项工作不能很好地衔接，症结所在，笔者以为就在于追溯制度没有建立起来，而追溯制度的关键就是包装、标识制度。从工业品成功实现有效监管来看，完善的标签很重要。相关产品信息从标签中很容易得到，执法者只要看一眼标签，就基本能知道该产品是否为合法生产的产品，略有问题上网一查也能获得结果，这就大大减少了对工业产品进行检测的工作量。因此，工业产品可以实现追溯全覆盖，监管部门每年除抽检和消费者送检外并不存在太大的检测工作量。而农产品监管由于在市场上很难看到标识，监管只能通过检测获知相关产品的质量安全信息，大量的检测工作不仅影响了执法工作的开展，也不利于市场准入工作的深入。

（五）转基因农产品标识制度

为了有效地进行生物安全管理，1993 年 12 月 24 日国家科学技术委员会发布了《基因工程安全管理办法》，对利用载体系统重组 DNA 技术，以及利用物理或者化学方法把异源 DNA 直接导入有机体技术的管理作出了比较具体的规定。1996 年 7 月 10 日农业部发布了《农业生物基因工程安全管理实施办法》，就《基因工程安全管理办法》中涉及农业生物基因工程安全管理的问题作出了比较具体的规定，特别是规定了进行农业生物基因工程登记和安全评价的具体程序和规则。但是，由于我国《基因工程安全管理办法》《农业生物基因工程安全管理实施办法》中并未涉及进口农产品及其标签管理，海关也没有将转基因作物作为检疫标准，致使我国进口的农产品中已经包含了大量的转基因成分。近年来，转基因作物种植大国的农产品在欧、日、韩等国遇到了阻力，他们便将出口市场转向了对转基因农产品贸易不设限制的发展中国家。特别是从 1998 年、1999 年以来，我国从转基因作物种植大国进口的大豆、油菜籽等主要作物及其初级加工品的数量持续上升。2000 年我国转基因作物的进口更是惊人。大豆进口量达 1 042 万 t，进口额为 22.7 亿美元，分别比上年增长 141% 和 155%，还有近 80 万 t（金额达 2 亿美元）的豆油及其残渣，估计其中转基因大豆及其制品至少占 650 万 t，合 11 亿多美元；进口油菜籽 297 万 t，比上年增长 14 %，至少 80 万 t（合 2 亿美元）是转基因产品。转基因大豆和油菜籽合计进口至少 730 万 t（13 亿美元），仅此两项就比 1999 年增长了 158% 和 70%。2001 年 1—4 月，进口的大豆比上年同期增长 70% 以上。此外，我国还进口大量猪、牛肉和家禽产品，其中肉鸡杂碎进口量由 1998 年的 19 万 t 猛增到 2000 年的 80 万 t。在这些产品的饲料中含有大量转基因玉米、大豆等。由于我国没有对进口的转基因农产品进行全面的检测、检验，实际进口量会大大超过前述数据。

转基因食品标识是食品标识中的一种，是一种以过程和生产方法为基础的标识，和其他食品标识（如重量、成分）不同的是，不是单纯地在食品标签上加注一行字说明“转基因”

就可以满足标识要求。转基因是食品原材料的生产方法，这种特性伴随着食品生产加工的整个过程，因此需要详细的制度规定和执行措施来保障标识的真实性。

转基因食品标识的制度设计有不同的目的，有维护消费者知情选择权，使消费者对食品市场产生信心的目的；有作为风险预防和风险管理的措施之一的目的；还有的是为了保护本国的非转基因作物和农业，增加进口转基因食品成本的目的。现在，老百姓对转基因食品安全与否尚有疑问，在这种情况下，只能依靠产品标识来做出选择。然而，目前我国转基因食品的标识管理较为混乱，市场上一些确为转基因的食品并无标识或标识极不明显等现象均有存在，严重侵犯了消费者的知情权和选择权，影响了市场透明度。特别是对于豆制品产品来说，由于我国豆制品生产使用的是国产非转基因大豆，按照目前我国相关法律法规的要求，仅明确了对食品中（包括原料及其加工的食品）含有转基因成分的必须标识出转基因食品或以转基因食品为原料，因此使用非转基因原料大豆的豆腐、豆浆等豆制品无须在包装上做此标识。然而，大豆本身的争议性，对转基因食品标识监管力度薄弱，民众对转基因及转基因食品知识匮乏，以及各路“反转”“挺转”专家的众说纷纭，媒体的狂轰滥炸，使得消费者更加茫然，几乎对所有的农副产品特别是以大豆为原料的食品产生怀疑。

1.《转基因食品卫生管理办法》

《转基因食品卫生管理办法》2002 年 7 月 1 日起施行。该办法所称的转基因食品，指利用基因工程技术改变基因组构成的动物、植物和微生物生产的食品和食品添加剂，包括转基因动植物、微生物产品，转基因动植物、微生物直接加工品，以转基因动植物、微生物或者其直接加工品为原料生产的食品和食品添加剂。其中第四章专门对转基因标识做出规定。

第十六条　食品产品中（包括原料及其加工的食品）含有基因修饰有机体或 / 和表达产物的，要标注“转基因 ×× 食品”或“以转基因 ×× 食品为原料”。转基因食品来自潜在致敏食物的，还要标注“本品转 ×× 食物基因，对 ×× 食物过敏者注意”。

第十七条　转基因食品采用下列方式标注：（一）定型包装的，在标签的明显位置上标注；（二）散装的，在价签上或另行设置的告示牌上标注；（三）转运的，在交运单上标注；（四）进口的，在贸易合同和报关单上标注。

2.《新资源食品管理办法》

2007 年，随着《新资源食品管理办法》的发布与施行，上述《转基因食品卫生管理办法》同时废止。该办法规定的新资源食品包括：在我国无食用习惯的动物、植物和微生物，从动物、植物、微生物中分离的在我国无食用习惯的食品原料，在食品加工过程中使用的微生物新品种，因采用新工艺生产导致原有成分或者结构发生改变的食品原料。其中第二十一条、

第二十七条对标签和转基因做出规定：

第二十一条 新资源食品以及食品产品中含有新资源食品的，其产品标签应当符合国家有关规定，标签标示的新资源食品名称应当与卫生部公告的内容一致。

第二十七条 转基因食品和食品添加剂的管理依照国家有关法规执行。

3.《新食品原料安全性审查管理办法》

2013 年 5 月，《新食品原料安全性审查管理办法》经国家卫生和计划生育委员会发布，自 2013 年 10 月 1 日起施行，同时废止了《新资源食品管理办法》。

《新食品原料安全性审查管理办法》第二条规定，新食品原料是指在我国无传统食用习惯的以下物品：动物、植物和微生物；从动物、植物和微生物中分离的成分；原有结构发生改变的食品成分；其他新研制的食品原料。

第二十三条明确指出，办法所称的新食品原料不包括转基因食品、保健食品、食品添加剂新品种。转基因食品、保健食品、食品添加剂新品种的管理依照国家有关法律法规执行。

从以上可以看出，对转基因食品标识做出明确规定的《转基因食品卫生管理办法》事实上已于 2007 年 12 月 1 日废止，最后代之的无论是《新资源食品管理办法》还是《新食品原料安全性审查管理办法》，均找不到对转基因食品标注的详细要求，而《新食品原料安全性审查管理办法》中更是明确指出新食品原料不包括转基因食品。2001 年，国务院颁布了《农业转基因生物安全管理条例》，此条例颁布实施后，农业部和国家质检总局先后制定了 5 个配套规章，发布了转基因生物标识目录，建立了研究、试验、生产、加工、经营、进口许可审批和标识管理制度。

4.《农业转基因生物安全管理条例》

继《基因工程安全管理办法》《农业生物基因工程安全管理实施办法》之后，2001 年 5 月 23 日，颁布了《农业转基因生物安全管理条例》。《农业转基因生物安全管理条例》的颁布实施，将部门的《农业生物基因工程安全管理实施办法》提升为国家级的管理条例，规定在中华人民共和国境内从事农业转基因生物研究、试验、生产、加工、经营和进出口活动，必须遵守本条例。这里，农业转基因生物是指利用基因工程技术改变基因组构成，用于农业生产或者农产品加工的动植物、微生物及其产品，主要包括转基因动植物（含种子、种畜禽、水产苗种）和微生物，转基因动植物、微生物产品，转基因农产品的直接加工品，含有转基因动植物、微生物或者其产品成分的种子、种畜禽、水产苗种、农药、兽药 、肥料和添加剂等产品。国务院农业行政主管部门负责全国农业转基因生物安全的监督管理工作，国家对农业转基因生物安全实行分级管理评价制度，按照其对人类、动植物、微生物和生态环境的危险程度，分为Ⅰ、Ⅱ、Ⅲ、Ⅳ 4个等级，具体划分标准由国务院农业行政主管部门制定。

《农业转基因生物安全管理条例》的内容包括8章，在这8章中，与转基因农产品国际贸易标签管理密切相关的主要有3章。

第四章，经营。第二十八条明确规定，在中华人民共和国境内销售列入农业转基因生物目录的农业转基因生物，应当有明显的标识。列入农业转基因生物目录的农业转基因生物，由生产、分装单位和个人负责标识；未标识的，不得销售。第二十九条明确规定，农业转基因生物标识应当载明产品中含有转基因成分的主要原料名称。

第五章，进口与出口。第三十七条明确规定，向中华人民共和国境外出口农产品，外方要求提供非转基因农产品证明的，由口岸出入境检验检疫机构根据国务院农业行政主管部门发布的转基因农产品信息，进行检测并出具非转基因农产品证明。第三十八条明确规定，进口农业转基因生物不按照规定标识的，重新标识后方可入境。

第七章，罚则。

综上，《农业转基因生物安全管理条例》要求，在中华人民共和国境内销售列入农业转基因生物目录的农业转基因生物，应当有明显的标识。列入农业转基因生物目录的农业转基因生物，由生产、分装单位和个人负责标识；未标识的，不得销售。经营单位和个人在进货时，应当对货物和标识进行核对。经营单位和个人拆开原包装进行销售的，应当重新标识。农业转基因生物标识应当载明产品中含有转基因成分的主要原料名称；有特殊销售范围要求的，还应当载明销售范围，并在指定范围内销售。

5.《农业转基因生物标识管理办法》

《农业转基因生物标识管理办法》规定标识的标注方法如下。

对于转基因动植物（含种子、种畜禽、水产苗种）和微生物，转基因动植物、微生物产品，含有转基因动植物、微生物或者其产品成分的种子、种畜禽、水产苗种、农药、兽药、肥料和添加剂等产品，直接标注“转基因××”。

对于转基因农产品的直接加工品，标注为“转基因××加工品（制成品）”或者“加工原料为转基因××”。

对于用农业转基因生物或用含有农业转基因生物成分的产品加工制成的产品，但最终销售产品中已不再含有或检测不出转基因成分的产品，标注为“本产品为转基因××加工制成，但本产品中已不再含有转基因成分”或者标注为“本产品加工原料中有转基因××，但本产品中已不再含有转基因成分”。难以用包装物或标签对农业转基因生物进行标识时，可在产品展销（示）柜（台）上、价签上或者设立标识板（牌）进行标识。

《农业转基因生物标识管理办法》附件列出了第一批实施标识管理的农业转基因生物目录：

大豆种子、大豆、大豆粉、大豆油、豆粕

玉米种子、玉米、玉米油、玉米粉

油菜种子、油菜籽、油菜籽油、油菜籽粕

棉花种子

番茄种子、鲜番茄、番茄酱

6.《中华人民共和国食品安全法》

2009 年颁布实施的《中华人民共和国食品安全法》中提到：乳品、转基因食品、生猪屠宰、酒类和食盐的食品安全管理，适用本法；法律、行政法规另有规定的，依照其规定。但此法并未提出具体的实质性要求。

2011 年，农业部推出了名为“转基因明白纸”的转基因科普宣传资料，在标识管理中指出世界上转基因标识一般分为 3 类：一是全面强制标识，如欧盟等；二是部分强制性标识，如澳大利亚、新西兰、日本、泰国、中国等；三是自愿标识，如美国、加拿大、阿根廷等。并特别说明了目前我国消费者日常能接触到的转基因农产品主要包括了大豆油和大豆制品。由此可见，依照以上描述，消费者有理由对豆制品用大豆的来源提出质疑。

7.《进出口食品标签管理办法》

《进出口食品标签管理办法》中，食品标签是指预包装食品（预包装于容器中，以备交付给消费者的食品）容器上的文字、图形、符号以及一切说明物。《进出口食品标签管理办法》适用于对进出口预包装食品（以下简称进出口食品）标签的审核、检验管理，其明确规定进出口食品标签必须事先经过审核，取得《进出口食品标签审核证书》。

概括地讲，《进出口食品标签管理办法》的主要内容包括标签审核和标签检验两部分，具体如下。

（1）标签审核

①进出口食品的经营者或其代理人在进出口前，应当向指定的检验检疫机构提出食品标签的审核申请。

②申请食品标签审核时，须提供：食品标签审核申请书；食品标签的设计说明及适合使用的证明材料；食品标签所标示内容的说明材料 ；进口国（地区）对食品标签的有关规定；需要提供的其他材料。

③品种及工艺相同、规格或包装形式不同的进出口食品可以合并提出标签审核申请。

④申请食品标签审核时，还须提供相应的检测样品，样品应具有代表性，并能满足标签审核的要求。

⑤指定的检验检疫机构负责受理进出口食品标签审核的申请，并按有关规定组织初审，初审后，将申请材料和初审结果报送国家检验检疫局审批。

⑥进出口食品标签必须为正式中文标签，审核的内容包括：标签的格式、版面以及标注的与质量有关的内容是否真实、准确。

⑦进口食品标签应按我国有关法律、法规及标准要求进行审核，出口食品标签应按进口国法律、法规及标准要求进行审核。

⑧经审核符合要求的食品标签，由国家检验检疫局颁发《进出口食品标签审核证书》，取得审核证书的食品标签，由国家检验检疫局统一对外公布。

（2）标签检验

①进出口食品的报检人办理报检手续时，必须提供《进出口食品标签审核证书》，否则检验检疫机构不受理报检。

②检验检疫机构对进出口食品实施检验时，应对食品标签进行检验，并根据食品标签检验结果综合评定食品是否合格。

③对进出口食品标签检验的内容为：报检的食品标签是否与经审核的食品标签相符；食品标签标注内容是否与食品相符；核定进出口食品标签可否在销售国使用。

④进出口食品标签未经审核或检验不合格的，进口食品不准销售，出口食品不准出口。

（六）预包装食品标签

1. 预包装食品标签内容

根据《中华人民共和国食品安全法》第六十七条、六十九条和《食品安全国家标准　预包装食品标签通则》（GB 7718—2011）、《食品安全国家标准　预包装食品营养标签通则》（GB 28050—2011）、《食品安全国家标准　食品添加剂标识通则》（GB 29924—2013）的规定，预包装食品包装的标签应当标明下列事项。

①名称、规格、净含量、生产日期。

②成分或者配料表。

③生产者的名称、地址、联系方式。

④保质期。

⑤产品标准代号。

⑥贮存条件。

⑦所使用的食品添加剂在国家标准中的通用名称。

⑧生产许可证编号。

⑨营养标签：能量、核心营养素（蛋白质、脂肪、碳水化合物和钠）的含量值及其占营养素参考值（NRV）的百分比。

⑩特殊膳食食品的食用方法和适宜人群。

⑪法律、法规或者食品安全标准规定应当标明的其他事项，如专供婴幼儿和其他特定人群的主辅食品，其标签还应当标明主要营养成分及其含量；生产经营转基因食品应当按照规定显著标示。

2. 预包装食品标签豁免

依据《食品安全国家标准　预包装食品标签通则》（GB 7718—2011）、《食品安全国家标准　预包装特殊膳食食用食品标签通则》（GB 13432—2013）、《食品安全国家标准　食品添加剂标识通则》（GB 29924—2013）的规定，下列情况可以豁免标示内容。

①可以免除标示保质期：酒精度大于等于 10% 的饮料酒；食醋；食用盐；固态食糖类；味精。

②当预包装食品包装物或包装容器的最大表面面积小于 $10cm^2$ 时，可以只标示产品名称、净含量、生产者（或经销商）的名称和地址。

③下列预包装食品豁免强制标示营养标签：

——生鲜食品，如包装的生肉、生鱼、生蔬菜和水果、禽蛋等；

——乙醇含量≥ 0.5% 的饮料酒类；

——包装总表面积≤ $100cm^2$ 或最大表面面积≤ $20cm^2$ 的食品；

——现制现售的食品；

——包装的饮用水；

——每日食用量≤ 10 g 或 10 mL 的预包装食品。

3.《食品安全国家标准　预包装食品营养标签通则》

《食品安全国家标准　预包装食品营养标签通则》同时也对核心营养素进行了说明，核心营养素是食品中存在的与人体健康密切相关，具有重要公共卫生意义的营养素，摄入缺乏可引起营养不良，影响儿童和青少年生长发育和健康，摄入过量则可导致肥胖和慢性病发生。此标准中的核心营养素是在充分考虑我国居民营养健康状况和慢性病发病状况的基础上，结合国际贸易需要与我国社会发展需求等多种因素而确定的，包括蛋白质、脂肪、碳水化合物、钠 4 种。各国规定的核心营养素主要基于其居民营养状况、营养缺乏病、慢性病的发生率、监督水平、企业承受能力等因素确定。

依据《食品安全国家标准　预包装食品营养标签通则》核查标签标识，对于加强食品安全抽样工作的规范性，确保抽样工作合法、科学、公正、统一，提高食品安全监管工作的质量和成效，保证后期核查处置的有效性，均有重要意义。国家制定的食品监督抽查任务是对于特定类别及品种产品的抽检，对照标签，抽样人员才能按规定要求，准确抽检对应品类的食品。食品标签标准规定预包装食品需明示食品的名称、配料、生产日期、保质期等内容。明示以上这些内容，不但是企业的责任和义务，更重要的，定性并明确了这些食品的属性及品类。另外，对于所监督管理的食品品种，该产品的种类、批次及重要信息均须取自标签上标识的内容。提取并记录食品信息，不仅是抽样的重要工作内容，对于后期核查处置、监督处理有关生产单位，更是第一手的原始资料信息。

第一，依据食品标签国家标准中关于配料表标识的规定，确定食品的真实属性及分类。食品标签标准规定配料表中的各种配料，按使用量的多少，由多到少的顺序排列。这从标准上规定了产品主要配料与产品真实属性的对应关系。依据这一点，可以有效判别食品。如部分使用小磨油名称的调和油，标签上标识的商品名是香油芝麻油，但标签的配料表显示其不是纯正单一的芝麻油，而是另加了大豆油、葵花油等其他油，则可以判定该食品为调和油，而非芝麻油。

第二，企业的标签出于商业目的，夸大引用或使用模糊的商品名，直接造成消费者通过商品名难以判定产品类别。如部分调味面制品的产品名就使用了较为夸张的商品名（如唐僧肉、香辣鱼片等）。单纯从标签及感观，难以判定产品是方便食品大类，还是肉制品大类，或是豆制品大类。单纯从商品标签及主展示面不能确定产品的真实属性，要根据食品标签标准关于配料顺序以配料使用量的多少顺次排序的规定，从配料表中第一、第二个配料的品种及名称，来判定此产品真实属性。例如，调味面制品、豆制品与肉制品的判定：配料表中，第一项为小麦粉的，为调味面制品；第一项为大豆或豆粕的，为豆制品；第一项为畜禽鱼等的，为肉制品或水产制品。

第三，根据配料表的内容，确定产品的真实属性。许多食品的标签，所标识的产品名称为通俗商品名，不同大类的产品，存在使用的产品商品名为同一名称的现象。查看配料表，就能唯一确定产品的真实属性。如辣椒酱分类。酱腌菜，纯辣椒做的，标签商品名是辣椒酱，其大类为酱腌菜；使用各种香辛料、味精、蛋白抽提物、辣椒等配料的辣椒酱，为复合调味料；使用辣椒、植物油制成的辣椒酱，为香辛调味料。如乳制品及乳饮料的区分。标签的配料表中，第一项是饮用水的，为乳饮料；第一项为乳的，为乳制品。这样，在监督检查的现场抽样工作中，就能准确有效抽取到指定的饮料产品或乳、乳制品，而不是混淆，误抽取。如调味面制品、湘式糕点的合并。核对配料表的主要配料，分类，合并同类产品，标准化产品类别。以调味面制品、湘式糕点的抽检为例，河南的调味面制品，在湖南，被称为湘式糕点。进行调味面制品的抽检时，尽管是不同称谓和定义，对产品名称不同于文件标准要求的，是以小麦粉为主要配料，辅以食用植物油、香辛调味料、味精食用盐等的湘式糕点，通过配料表中的主要配料及各种配料的品种类型，也可以判定其为方便食品中的同类产品。

（七）原产地标识

原产地标识又称地理标志。农产品地理标志，是标示农产品来源于特定地域，产品品质和相关特征主要取决于自然生态环境和历史人文因素，并以地域名称冠名的特有农产品标志。地理标志具有知识产权的属性，它对于缓解农产品市场中的信息不对称问题，提高农产品安全水平具有重要作用。2008 年中央一号文件提出要“培育名牌农产品，加强农产品地理标志保护”；《全国现代农业发展规划（2011—2015 年）》提出，大力推进农业标准化，加快发展无公害农产品、绿色食品、有机农产品和地理标志农产品。

地理标志的保护关系到相关利益主体，如生产者、政府、消费者，对这些主体的研究对于建立健全地理标志保护机制具有重要的作用。农户作为重要的生产者，其生产地理标志产品的意愿受到多种因素的影响，研究发现，户主的文化程度、生产专用设施的投入、地理标志产品的认知等因素对农户地理标志产品的生产意愿有一定影响。农户对地理标志产品保护知识的认知情况也会直接影响到地理标志产品生产的积极性。

WTO/TRIPS 协定授权各成员在其法律制度和实践中自行确定保护地理标识的适当方式，只要这种保护不违背协定。我国现有法律体系对地理标识采取两种不同的保护模式。其一是采用商标法的保护模式。现行《中华人民共和国商标法》第十六条对地理标识明确下了定义，即“标示某商品来源于某地区，该商品的特定质量、信誉或者其他特征主要由该地区的自然因素或人文因素所决定的标志”。现行《集体商标、证明商标注册和管理办法》有半数条款涉及地理标识。该办法第八条规定，作为“集体商标、证明商标申请注册的地理标志，可以是该地理标志标示地区的名称，也可以是能够标示某商品来源于该地区的其他可视性标志”。其二是采用专门法的保护模式，即 2005 年 7 月 15 日由国家质量监督检验检疫总局发布生效的《地理标志产品保护规定》。根据该规定第二条，地理标识是标示产品产自特定地域，该产品所具有的质量 、声誉或其他特性本质上取决于该产地的自然因素和人文因素的地理名称。

《地理标志产品　标准通用要求》（GB/T 17924—2008）详细说明了确定地理标志产品的基本和地理标志产品专用标志。

2018年出台的中央一号文件《中共中央国务院关于实施乡村振兴战略的意见》明确了推进农业现代化、促进农业供给侧结构性改革、培育农产品品牌、保护地理标志农产品等农业发展方向和目标，使得人们将目光投向了原产地标识制度。当前我国所有的原产地标识这一概念来源于原产地地理标识（Geographic Indications of Origin）又被称为原产地名称，其来源于《保护工业产权巴黎公约》。原产地标识能够将优良农产品的内在品质外显化，不仅向消费者传递特色品质信息，而且还具有介绍和保证作用。

1.《保护工业产权巴黎公约》

《保护工业产权巴黎公约》（简称《巴黎公约》）签订于1883年，是国际上第一个保护地理标志的多边条约。《巴黎公约》第1条第2款规定："工业产权的保护对象有专利、实用新型、工业外观设计、商标、服务标记、厂商名称、货源标识或原产地名称以及制止不正当竞争。"该公约将"货源标识或原产地名称"纳入工业产权的保护范围，是世界上第一个将"原产地名称"和"货源标识"作为保护对象的国际协议，从此在国际上确定了"原产地名称"和"货源标识"的法律保护地位。该公约并在第1条第3款中规定"对工业产权的理解不仅适用于工业和商业，同样适用于农业，如谷物、酒类、水果、矿产品等天然产品或制成品"，这为农产品地理标志的国际保护奠定了基础。虽然《巴黎公约》对农产品地理标志的保护仍过于笼统，缺乏可行性，但其具有历史开创性，是国际社会关于地理标志法律保护的起步，对之后各国实行地理标志保护产生了深远影响。

2.《制止商品产地的虚假或欺骗性标志马德里协定》

该协定简称《马德里协定》，是《巴黎公约》下专门针对制止虚假和欺骗性货源标志的补充性协议，是关于地理标志保护的又一个重要的里程碑。《马德里协定》第1条第2款规定将对商品的进口扣押范围从"虚假性"扩大到了"欺骗性"，并在第3条将地理标志的保护领域进一步扩大到了"具有广告性质并可能使公众误认商品来源的任何标记"。《马德里协定》还首次对通用名称以及葡萄酒的地区性产地名称问题进行了特别规定，开创了关于葡萄酒地理标志保护的先河，大大推进了对农产品地理标志保护的力度。相比《巴黎公约》，《马德里协定》在对地理标志的保护范围和保护领域方面有很大的进步。

3.《保护原产地名称及国际注册里斯本协定》

该协定简称《里斯本协定》，是《巴黎公约》体系下第一部以保护原产地名称为目的的国际协定，将原产地名称的保护提高到一个前所未有的高度。

《里斯本协定》对原产地名称作出定义："原产地名称系指一个国家、地区或地方的地理名称，用于指示一项产品来源于该地，其质量或特征完全或主要取决于地理环境，包括自然和人为因素。"并对其保护对象、保护标准以及保护途径等方面作出了比较详细的规定，如第 3 条规定："保护旨在防止任何假冒和仿冒，即使标明的是产品的真实来源或者使用翻译形式或附加'类''式''样''仿'字样或类似名称。"此外，《里斯本协定》还创建了原产地名称国际注册制度，从而使地理标志得到强制性保护，无疑使农产品地理标志保护更加具有可行性。但由于加入该协定的成员有限，在国际社会的影响范围较小，协定的效果并不突出。

4.《与贸易有关的知识产权协定》

该协定简称《TRIPS 协定》，是世界贸易组织管辖下拥有最多签约国、最具执行力的一项全球多边贸易协定，也是目前对地理标志保护最具影响力的国际公约。其对地理标志的保护更为全面系统。

首先，《TRIPS 协定》第 1 条第 2 款将地理标志纳入知识产权范围，从而使该协定中的一切知识产权保护制度都适用于地理标志，这大大地增强了地理标志的保护力度。

其次，该协定第 22 条规定了对所有产品地理标志的一般保护和最低标准，其中第 1 款对地理标志作出定义，将地理标志的范围扩宽到一切形式，除文字外包含单词、短语、符号或象征图形等一切具有地理标志意义的符号形式；第 2 款和第 3 款对地理标志的保护作出详细规定，主要从"禁止误导或使产生误解"的角度来防止地理标志遭受侵害。

再次，《TRIPS 协定》第 22 条第 3 款规定："如果某商标中包含有或组合有商品的地理标志，而该商品并非来源于该标志所标示的地域，于是在该商标中使用该标志来标示商品，在该成员地域内即具有误导公众不能认明真正来源地的性质，则如果立法允许，该成员应依职权驳回或撤销该商标的注册，或者依一方利害关系人的请求驳回或撤销该商标的注册"，该款条约规定将地理标志作为一种在先权利，如果与已有商标之间发生冲突，则优先保护地理标志，有助于解决在先注册的含有地名的商标与地理标志的冲突问题，对于地理标志的保护是一次历史性的超越。

最后，《TRIPS 协定》还规定了对葡萄酒和烈酒地理标识的附加保护，其中第 23 条和第 24 条第 1 款，在对地理标志保护的最低标准之上，增加了对葡萄酒和烈酒地理标识更高标准的保护。

原产地标识这一概念起源于欧洲，与之相关的四个名词在当前的原产地标识研究中具有不同的重要意义。其中，原产地名称（Appellations of Origin）这一名词在 7 个不同法规中有所规定（表 12）。不同法规中地理标识内涵如表 13 所示。

表 12　不同法规中原产地名称内涵

法规	发布时间	内涵
《保护原产地名称及国际注册里斯本协定》第 2 条第 1 款	1958 年 10 月 31 日	原产地名称指一个国家、地区或地方的地理名称，用于指示一项产品来源于该地，其质量或特征完全或主要取决于地理环境，包括自然和人为因素
《发展中国家原产地名称和产地标记示范法》第 1 条第 1 款	20 世纪 60 年代	原产地名称指一个国家、地区或特定的地方的地理名称，用于指示一项产品来源于该地，该产品的质量特征完全或主要取决于地理环境，包括自然因素、人为因素或两者兼有。任何不是一个国家、地区或特定的地方的地理名称，当用在某种产品上如果与特定的地理区域有联系，也视为地理名称
《发展中国家商标、商号及禁止不正当竞争行为示范法》第 1 条第 1 项	1966 年 11 月 11 日	原产地名称指一个国家、地区或地方的地理名称，用以指明一项产品来源于该地，产品的质量和特征完全或主要取决于地理环境，包括自然因素和人为的因素
《关于保护农产品和食品地理标记和原产地名称条例》（2081/92/EEC）第 2 条第 2 款（a）项	1992 年 7 月 14 日	原产地名称是指一个地区、一个特殊的地方或一个国家（在个别情况下）的名称，用以表明某种农产品或食品来源于该地区、地方或国家，且该产品的品质和特点本质上或完全是由该地独特的地理环境所具有的自然和人文因素造成的。该产品的生产、制造和前期准备都是在当地完成的
《法国原产地名称保护法》	1991 年 5 月 6 日	原产地名称就是一个国家、一个地区或一个地方的名称。来自这个国家、这个地区或地方的一种产品的质量或特点是由当地地理环境，包括自然因素和人的因素而形成的。符合这种条件的国家、地区或地方的名称构成了商品的原产地名称
《法国知识产权法典（法律部分）》第二部分第七卷第二编 L.721-1 条	/	指示产品出产于该地，且产品的质量或特征是由该地的地理环境，包括自然和人文因素所决定的国家、地区或地方的名称，构成原产地名称
《德国商标和其他标志保护法（商标法）》	/	地理来源标志的保护采用了与 2081/92/EEC 条例相同的规定，将地理标志和原产地名称（此处译为“来源标志”）统称为“地理来源标志”

表 13　不同法规中地理标识内涵

法规	发布时间	内涵
欧盟《关于保护农产品和食品地理标记和原产地名称条例》（EEC）No 2081/92 / 第 2 条第 2 款（b）项	/	地理标记是指一个地区、一个特殊的地方或一个国家（在个别情况下）的名称，用以表明某种农产品或食品来源于该地区、地方或国家，其具有的特别的品质、声誉或其他特点可归因于其地理来源。并且，其生产或制造和前期准备是在当地完成的
WTO《与贸易有关的知识产权协议》第 22 条第 1 款	/	地理标志指下列标志：其标示出某商品来源于某成员地域内，或来源于该地域中的某地区或某地方，该商品的特定质量、信誉或其他特征，主要与该地理来源相关联
世界知识产权组织（WIPO）《关于地理标识的协议草案》第 2.1 条规定	/	“地理标识”包括“货源标记”和“原产地名称”

由于在对地理标识的保护方面，现有的国际公约存在着不同程度的缺陷，世界知识产权组织准备建立新的“货源标记”和“原产地名称”的国际保护体系，取代已有的里斯本协定“原产地名称”注册体系。WIPO 所讲的“地理标识”与 WTO 中所讲的“地理标识”含义有所不同。WTO 所讲的“地理标识”主要指原产地名称，不包括“货源标记”，这与欧盟的规定基本一致。在 WT0 中另有一个原产地规则，所讲的“原产地”，接近于一般所讲的“货源标记”。

欧盟和 WTO 所讲的“地理标志”，与《保护原产地名称及其国际注册里斯本协定》所讲的“原产地名称”意思基本一致，但并不完全等同，两者存在差别，主要差别在于：产品的特有品质与产地环境因素的关系密切程度不同，地理标志讲的是“与产地相关联”或“主要归因于该产地”，而原产地名称则强调的是“本质上或完全是由该产地所造成的”；产品的特有品质与产地环境相关因素不同，地理标志强调的是自然因素，原产地名称强调的是“自然和人文因素”。

不同法规产地标志内涵与原产地标志内涵分别见表 14 与表 15。

表 14　不同法规中产地标志内涵

法规	发布时间	内涵
《发展中国家原产地名称和产地标记示范法》第 1 条第 2 款	20 世纪 60 年代	产地标志指用于指示一项产品或服务来源于某个国家地区或特定地方的标识或标记
《发展中国家商标、商号及禁止不正当竞争行为示范法》第 1 条第 1 款第 5 项	1966 年 11 月 11 日	用来表示商品或服务来源于某个国家、一批国家、地区或地方的说明或标志

（续表）

法规	发布时间	内涵
《保护工业产权巴黎公约》第1条第2项	/	工业产权的保护对象是专利、实用新型、工业外观设计、商标、服务商标、商号、货源标记或原产地名称以及制止不正当竞争

表15　不同法规中原产地标志内涵

法规	发布时间	内涵
《关税与贸易总协定》第9条第6款	1947年	“各缔约方应相互合作，以期防止使用商品名称假冒产品的真实原产地，从而损害一缔约方领土内受其立法保护的产品的独特地区或地理名称。”明显地将原产地与地理名称加以区分
《原产地规则协议》	/	WTO《原产地规则协议》讲的原产地，与《关税与贸易总协定》讲的原产地标记是一致的，又被称为产品的“法定国籍”，强调的是法定原则。它涉及国际货物贸易中的最惠待遇、国民待遇、普惠制、关税减让、反倾销、反补贴、保障措施等一系列规则的实施

与“原产地”最相近的当属“货源标记”，两者主要含义相当，但并不等同。原产地一般须通过政府外贸机构或政府委托的机构登记认定，方可被承认，具有法律效力。货源标记一般是由厂商依法自行标注，无须登记认定，相当于产品的自然“产地”。原产地主要是以国家名称和独立关税区名称表示。货源标记可以是国家名称和独立关税区名称，也可以是某个特定地区、地方的名称，面更宽一些。原产地主要用于产品的进出口贸易，货源标记不仅用于进出口贸易，也用于国内一般贸易。

5.《中欧地理标志协定》

市场层面来看，《中欧地理标志协定》本质就是双方对国家地理标志商品的共同保护，目的是杜绝“黑色经济”、维护市场秩序的措施。长久以来，商品流通的难题之一就是假冒伪劣产品盛行扰乱市场秩序，破坏供应链，受损的是链条上所有的市场参与者，最终伤害的是整个社会民生。《中欧地理标志协定》体现出中欧双方整顿商品流通市场的长期持续努力，纳入协定的商品在双方市场均受法律保护。

企业层面来看，《中欧地理标志协定》保护的是产业链、供应链中所有的参与者。以该协定保护面最广的农产品为例，农户、农业合作社、农产品加工企业、经销商、超市、消费者均受益于协定对商品的品牌保护。当商品进入对方市场，有国家地理标志的商品相较于其他商品而言多了一层制度保护，是让消费者消除后顾之忧的保障，同时保障生产经营者的利益。

法国驻华大使馆发布消息称，《中欧地理标志协定》是欧盟与中国之间就此类议题签署的第一份大规模的双边协定，该协定保障法国农产品出口商的重要商业渠道，特别是葡萄酒和烈酒出口商。该协定的签署是法国大力支持的欧盟全面战略的一部分，旨在推进欧盟地理标志保护的标准。该协定经欧洲议会批准生效，即为涉及葡萄酒、烈酒及农产品的欧洲地理标志和中国地理标志产品提供保护。法国地理标志产品也从中受益，其中包括多个在中国久负盛名的产品。相关法国地理标志将受到的保障包括：保护地理标志名称的中文译名和音译名；拒绝第三方将受保护的地理标志名称注册为商标；自动驳回篡改该协定中包含的地理标志名称的商标申请，包括提及上述地理标志。

法国驻华大使馆消息发布称，欧盟拥有世界上最臻于完善的地理标志体系，法国希望该协定能够深化中国与欧盟之间的知识共享，并将在中国进行地理标志保护管理机构重组的背景下，帮助中国巩固和协调有关地理标志的立法。法国将与其欧洲伙伴国家共同致力于该协定的贯彻落实，以确保法国地理标志在中国得到有效保护，打击假冒伪劣和不当的商标注册。该协定的签署是法国为促进欧中贸易投资关系目标中的重要部分，包括贸易开放、更好的中国市场准入、享有公平竞争与互利互惠的条件。

法国农业与食品部时任部长朱利安·德诺尔芒迪表示：“欧盟与中国签订的这份双边协定具有历史意义。地理标志让农业生产者和葡萄种植者对他们的劳动感到自豪，并赋予其声誉，该协定在保护地理标志的同时，也有助于提升我们专业技能的价值。”法国欧洲与外交部部长下属时任主管外贸事务的部长级代表弗兰克·里耶斯特指出：“与世界上第二大贸易国签署这项协定是认可我们的地理标志保护体系的重要一步。在追求货真价实与产品质量的中国市场里，该协定的签署将满足实际需求，同时也为我们的农产品出口商带来附加值。这是在互利互惠以及加强保护企业知识产权权益的基础上深化与中国经济关系的里程碑事件。”

6. 我国农产品地理标志

农产品地理标志，是标示农产品来源于特定地域，产品品质和相关特征主要取决于自然生态环境和历史人文因素，并以地域名称冠名的特有农产品标志。地理标志具有知识产权的属性，它对于缓解农产品市场中的信息不对称问题，提高农产品安全水平具有重要作用。2008年中央一号文件提出要“培育名牌农产品，加强农产品地理标志保护”；《全国现代农业发展规划（2011—2015年）》提出，大力推进农业标准化，加快发展无公害农产品、绿色食品、有机农产品和地理标志农产品。

我国目前对水产品地理标志进行登记、管理、保护的部门并不是唯一的，有国家工商总局依据《中华人民共和国商标法》的有关规定对水产品地理标志进行管理保护，还有国家质检总局负责登记的“特别保护制度”，从2008年开始，农业部依据《农产品地理标志管理办法》也对水产品地理标识进行管理保护。各个部门之间责权不清，导致对地理标志的保护难以统一，企业往往要重复登记，既浪费国家行政资源，又加重了企业负担。且各个部门之间同时管理，彼此之间的依据不同，对地理标志的规定不同，在对同一标志进行管理的时候，难免会发生权利的矛盾与冲突，阻碍了对地理标志的长效保护。

目前我国水产品地理标志的管理与保护主要依据《中华人民共和国产品质量法》《中华人民共和国标准化法》《中华人民共和国进出口商品检验法》《地理标志产品保护规定》《与贸易有关的知识产权协议》等相关法律法规，尚未有效力较高的专门管理、保护地理标志的法律出台，这使得地理标志相关利益主体的权益得不到有效保障。地理标志在一定程度上与商标相似，因此有时地理标志的管理与保护依据《中华人民共和国商标法》，但两者并不完全相同，地理标志更加强调了地域的决定作用，因此在很多情况下参照依据《中华人民共和国商标法》并不能更好的处理地理标志中的问题，所以亟待出台一部专业的地理标志法律或者完善《中华人民共和国商标法》的有关条款，以适应地理标志的管理。

我国地大物博，拥有丰富的地理资源，水产品资源也十分丰富，截至2014年12月31日我国已注册和初步审定水产品地理标志集体商标、证明商标211件，占所有地理标志的7.82%，目前地理标志的注册主要集中在水果、蔬菜类，水产品较少。一方面，很多地域的优质水产品生产者缺乏地理标志保护意识，对于地理标志带来的优势、效益认识不够，另一方面，很多都是规模较小的生产者，他们没有足够的经济实力去申请注册。由于未注册，所以得不到有效保护，导致我国优势水产品地理资源浪费。

（八）有机农产品的标签标识

《有机产品》（GB/T 196303—2005）规定产品的标识要求、认证标志和认证机构标识，对使用标识“有机”“有机转换”“有机配料生产”“有机转换配料生产”的情况如何进行标识进行了详细说明。

（九）过敏原标识

我国现阶段关于食品过敏原标识管理的法规包括《食品安全国家标准　预包装食品标签通则》（GB 7781—2011）、《预包装食品中的致敏原成分》（GB/T 23779—2009）、《出口预包装食品麸质致敏原成分风险控制及检验指南》（SN/T 4286—2015），但均未对过敏原的标识进行强制性规定。北京市和广州市分别在奥运会及亚运会期间编制了地方标准《奥运会食品安全食品过敏原标识标注》（DB11Z 521—2008）及《亚运会食品安全食品过敏原标识标注》（DBJ 440100/T28—2009），二者对食物过敏原组分标识进行了明确要求，但随着运动会的结束而废止。

目前，我国食品中过敏原标识的管理还处于起步阶段，相应的法规标准仍需不断地建立和完善。最早与食品中过敏原标识相关的管理标准为2008年北京奥运会期间颁布的《奥运会食品安全　食品过敏原标识标注》，该标准主要针对国外的消费者，规定了12类易导致国外消费者过敏的物质及推荐标注方式，并于奥运会结束后废止。

2009年，广州亚运会期间颁布了《亚运会食品安全　食品过敏原标识标注》，与《奥运会食品安全　食品过敏原标识标注》的内容基本相似，亚运会结束后该标准也自动废止。同年，我国为加强食品中过敏原的管理，颁布了推荐性的国家标准《预包装食品中的过敏原成分》（GB/T 23779—2009），该标准对过敏原进行了定义，并列举了8类推荐性标识的食物过敏原。2012年，《国家食品安全标准　预包装食品标签通则》（GB 7718—2011）的颁布首次正式将食品中过敏原的标识问题纳入标签管理的范畴，沿用了GB/T 23779—2009提出的八大类过敏原物质，但对于过敏原的标识方式仍未给出具体的规定。此外，我国针对食品中过敏原而开展的风险评估工作还较少，虽然我国已于2009年成立了国家食品安全风险评估专家委员会，并于2011年成立了国家食品安全风险评估中心，但目前主要围绕食品中致病微生物、农兽药残留、重金属等污染物以及非法添加物等展开风险评估工作，明确涉及食品中过敏原的风险评估工作几乎没有。

中国香港在《食品及药物（成分组合及标签）规例》中规定必须在食品标签配料表中对规定的致敏原进行明确标识须使用中文或英文，或中英文兼用。但在预包装食品符合以下任意条件时不需要在配料表中列明致敏原成分：包装容器最大平面面积小于10cm^2；独立包装并拟作单份出售的凉果；含有单一配料的食品。

第五章　标签标识法规及标准发展方向

一、农产品碳标签

近年来，欧美一些发达国家为了激发公众对二氧化碳减排的兴趣和引导低碳消费，掀起了一股对食品标注“食物里程”（food miles）的热潮，引起了世界各国政府、食品贸易商、广大消费者和研究人员的广泛关注。同时，欧美一些国家和国际组织正在研发产品碳足迹的检测方法和技术标准，相关国际标准也即将发布，为在商品贸易中引入“碳标签”（carbon labeling）铺平了道路。出口商品“碳标签”的认证呼之欲出。为此，“食物里程”“碳标签”及其对世界农产品贸易的潜在影响，已成为近年来国际上研究的热点问题之一。

“食物里程”的概念最早是由英国提姆·郎（Tim Lang）教授于20世纪90年代初提出的。食物里程是指农产品从产地到餐桌的总里程，它涵盖了农产品供应链全周期的实际距离：即从农场到食品加工厂；从食品加工厂到物流仓库；从物流仓库到批发商；再从批发商到零售超市物理距离的总和。食物里程越长，意味着消耗的能源越多、排放的二氧化碳越多。这一概念在全世界越来越重视二氧化碳减排和环境问题的今天，引起了欧美一些国家和国际组织的广泛关注。

自从英国于2007年推出全球第一个碳减量标签（carbon reduction label）之后，碳标签在主要的发达国家如雨后春笋般涌现，如2008年欧盟的二氧化碳之星（CO_2 Star）、德国产品碳足迹（product carbon footprint）和法国碳指数标签（group casino indice carbon），以及2009年日本碳足迹标签（carbon footprint label）等。

2007年3月，随着百事公司奶酪洋葱薯片在全球首批加贴碳标签，标志着食品行业已经在国际上率先涉足并推广碳标签制度。随后各国家和地区开始陆续推行食品碳标签。据不完全统计，目前已有英国、日本、法国、美国、瑞典、加拿大、韩国和中国台湾等10多个国家和地区开始立法或出台专门政策，逐步用法律、标准和政策等手段在食品企业中推广碳标签。而全球多家顶级跨国公司，如联合利华、屈臣氏和可口可乐等已逐步实施绿色供应链体系，对食品生产与流通环节的碳足迹进行测度并要求加贴碳标签。因此，碳标签制度极可能引导其国内消费者优先选择当地的低碳标识食品，由此降低对进口高碳食品的需求。

1. 碳标签的起源

食物里程概念的表达，普遍采用碳标签形式，即把农产品和食品在生产、流通和运输过程中所排放的温室气体的排放量在商品标签上用量化的指数标示出来。碳标签中的碳信息提醒了消费者，使消费者关注农产品和食品的运输里程，通过购买运输里程短的产品达到节约能源、减少碳排放、应对气候变化、促进环保的目的。

鉴于食物里程概念的局限性，英国、法国、瑞士、美国、加拿大等一些国家开始尝试采用碳标签的方法来标注产品中隐含碳的含量。英国于 2008 年 10 月，发布了一项公众可获取的规范 PAS 2050，即《商品和服务在生命周期内的温室气体排放评价规范》。这项规范是在英国政府环境、食品和农村事务部的支持下，由英国标准协会、英国碳信贷基金联合制定的。此规范适用于检测产品在生产和管理过程中所形成的温室气体排放量即产品的碳足迹，旨在寻求在产品设计、生产和供应等全生命周期中降低温室气体排放的机会。英国碳信贷基金已经发布了碳足迹和碳排放标示，并与美国的可口可乐、百事可乐等跨国企业以及中国能源保护投资公司开展了合作。英国碳信贷基金目前正与国际标准化组织（ISO）、世界资源研究所（WRI）等国际组织联合开发一种全球通用的、检测产品隐含碳排放的国际标准。除英国外，法国、瑞士、美国、加拿大等国也开始了碳标签的研发计划。

欧洲是环境标志的发源地。欧盟的碳标签计划是基于降低货物运输二氧化碳的排放开展的，目的是引导承运人在贸易运输中使用新能源，开展低碳运输服务。英国是碳标签实施最早的国家，在 2007 年就有了世界第一批碳标签的食品，该标签由英国的 Carbon Trust 公司推出。其后，法国、德国等国家也相应地提出了自己的碳标签计划，并取得了比较满意的效果。美国也不落后，引入了几种使用碳标签的做法，有低碳封印、碳评分、碳评级等方法。

2. 碳标签的影响

无论是食物里程概念的提出，还是碳标签的实施，无疑都会对世界农产品贸易格局尤其是对发展中国家农产品出口贸易产生重大而深远的影响。

第一，发展中国家农产品出口空间可能会被压缩。“食物里程”运动通过影响人们的购买行为，引导人们购买和消费本国甚至是本地农产品，减少购买和消费远渡重洋的进口农产品。因此，农产品国际贸易的市场份额将会减少，这对以农产品等初级产品出口为主的发展中国家产生较大影响。“食物里程”这一不够科学和严谨的概念，由于简单明了、容易理解和接受，近年来对许多欧美国家的消费者已经产生了较大程度的影响和误导。研究表明，欧洲的“食物里程”运动的受害者主要是那些最贫穷的国家，尤其是依靠空运向欧洲出口农产品的撒哈拉以南非洲国家（如马拉维、马达加斯加）和新西兰。

第二，食物里程可能成为一种新的非关税壁垒。“食物里程”运动缺乏科学依据，带有明显的新贸易保护主义色彩。其支持者明确表示，食物里程是限制进口的正当理由。“食物里程”运动抵制来自其他国家的同类进口产品，无论这种产品的隐含碳是否高于本地产品。因此，食物里程实际上成为一种新的绿色贸易壁垒，与世界贸易组织倡导的非歧视性国民待遇条款的自由贸易规则相悖。

第三，碳标签的全面推行将对世界贸易格局产生重要影响。目前，产品碳足迹的标准尚未统一，各种检测产品碳足迹的标准和方法尚处于研发和小范围实验阶段。ISO 和 WRI 正在研发检测产品碳足迹的国际标准，WRI 的温室气体协议计划预计在 2010 年 12 月发布，而 ISO 的国际标准将于 2011 年 3 月发布。随着产品碳足迹检测标准的完善和统一即国际标准的出台，出口产品碳足迹的检测和碳标签认证必将成为一种趋势。而出口产品碳标签的引入对国际贸易的潜在影响是当前亟待研究的重要课题。

第四，碳标签实施的高昂成本可能会使发展中国家的部分农产品被拒之门外。低收入的发展中国家与发达国家相比较，由于较少使用大型农业机械设备、温室设施、加工设备和化肥等，在农产品生产环节具有一定的低碳排放优势。但高昂的碳排放检测费用却是许多发展中国家难于承受的。因此，缺乏碳标签的产品在未来的国际贸易环境中，意味着失去参与国际竞争的机会，使得发展中国家农产品出口份额下降。

第五，碳标签对发展中国家农产品贸易的影响还取决于许多其他因素。G. Edwards-Jones 等分析了碳标签的引入对发展中国家出口到英国的园艺产品脆弱性的影响。指出：距离英国遥远的发展中国家出口的可替代程度高的产品受到的影响最大，如肯尼亚的四季豆、以色列的西红柿和辣椒、危地马拉的豌豆等；而出口热带产品或在英国缺乏替代品的产品的发展中国家受到的影响较小，如印度的茶叶和葡萄、菲律宾的芒果、中国的茶叶等。因此，碳标签对世界农产品贸易的影响仍是一个亟待深入研究的问题。

第六，碳标签标准的制定和认证将成为发展中国家面临的新技术贸易壁垒。碳标签引入的前提，是对产品碳足迹进行系统和全面的检测。检测产品碳足迹的技术标准是由发达国家制定和组织实施的，一旦碳标签用于国际贸易商品中，就有可能被这些国家或进口商用来设置技术贸易壁垒，发展中国家的出口商品将面临发达国家进口商强制性碳标签认证的要求，从而使碳标签成为一种新的技术贸易壁垒和贸易保护的有效工具。

二、FOP 标签

近些年来，国际上许多国家的政府机构、非政府组织和食品企业都开始使用一个图标来概括食品的主要营养信息及特征，这些图标和用来判断食品是否可以标示图标的营养评价体系被称之为包装正面标识（FOP），旨在帮助消费者做出更健康的食品选择。

我国的FOP标签系统起步晚，2019年7月15日发布的《健康中国行动（2019—2030年）》倡导积极推动在食品包装上使用“包装正面标识”信息计划，为我国居民选择健康的粮食制品提供有利条件。国际上，美国、英国、法国、德国、荷兰、比利时、瑞典、丹麦、挪威、冰岛、加拿大、澳大利亚、新西兰、新加坡、韩国、泰国、马来西亚等国政府、食品生产商、非营利性社会组织以及国际组织率先实施了FOP标签系统。其中，瑞典等北欧国家实施的Keyhole标签系统是世界上最早的FOP标签系统，新加坡的较健康选择标志（Healthier Choice Symbol）系统是亚洲最早的FOP标签系统，澳大利亚和新西兰的健康星级评分系统（Health Star Rating System）是世界上最新最前沿的FOP标签系统。

1. FOP标签的内涵

FOP是通过对不同类别食品中的油盐糖设定不同的界限数值，从而对大家所关注的目标营养素进行综合评价的体系，并以醒目的图标形式来总结评价结果。

食品包装袋标签分为包装背面（back of package，BOP）标签和FOP标签两种格式。FOP标签是食物成分与特性的简化信息，与包括营养成分表在内的包装背面标签相比较，可更直观地说明食品中的整体营养价值。消费者在购物时可以快速辨别并选择健康食品，其效果对营养知识水平与收入较低的人群更显著。

2. FOP标签的建立及发展

FOP体系的首次出现是在20世纪80年代末90年代初，WHO提出了《膳食、营养与慢性病预防》，强调了膳食与疾病关系，特别是油、盐、糖的摄入量与健康关系。一些国家的政府机构、国际组织、学术团体或非营利性健康组织，研究和建立了评价食物营养和引导健康选择的方法。例如美国心脏病协会于1987年设计了一个简单的图标表明食物具有“对心脏有益”的特性，对消费者起到良好指导作用。此后，用于食品标签的FOP体系和图标的使用大幅度增加。

整体上，推行FOP标签的主体有政府部门、行业协会与企业：政府主导实施的FOP标签如瑞典的Keyhole标签、新加坡的较健康选择标志、英国的交通灯信号标签、澳大利亚的健康星级评分、法国的Nutri-Score标签；行业协会发起的FOP标签有美国全谷物协会的全谷物邮票、美国心脏协会的Heart-Check标签、斯洛文尼亚心脏基金会的Heart标志、芬兰心脏基金会和芬兰糖尿病基金会的Heart符号；企业推动实施的FOP标签有美国的指引星（Guiding

Stars）标签、雀巢企业的全谷物保证标识。

目前，美国、英国、韩国、泰国、马来西亚、新加坡、澳大利亚、新西兰、加拿大、德国、荷兰、比利时等国家的政府机构、非营利性组织等都建立起 FOP 体系。

（1）瑞典

瑞典于 1989 年实施 Keyhole 标签系统，是世界上 FOP 标签系统实施年限最长的国家，随后丹麦、挪威于 2009 年开始实施。Keyhole 标签系统用锁孔图形概括至少 25 种食物（品）的营养成分总体信息，以北欧国家居民膳食指南、营养健康知识和评价标准作支撑，显示标识的食品至少符合少脂、少盐、少糖、多膳食纤维、全谷物中一个标准，能应用于包装食品与未包装农产品。

作为标签系统的推行者和管理者，瑞典食品管理局、丹麦兽医和食品管理局、挪威健康与食品安全局设计了 Keyhole 标签口号：轻松做出健康选择（Healthy Choices Made Easy）。按照《关于自愿标示 Keyhole 的规定》，包装食品或未预先包装的软面包、硬面包、面包皮可标识 Keyhole 标签。随后，2009 年，北欧国家修订了 Keyhole 标准，其中规定，为开发更多营养健康的粮食及制品，在原有面包基础上，增加另外 5 种粮食及制品（谷类、燕麦，意大利面，大米、早餐麦片）标示 Keyhole 标签。虽然粮食制品生产商和零售商能自愿标示标签，但需要遵守 Keyhole 标签规则，以此作为营养健康粮食制品开发的基准。

Keyhole 标签系统在粮食及制品的应用，不仅降低了粮食及制品中脂肪、盐、糖含量，而且提高了膳食纤维和全谷物含量。

（2）荷兰

选择标识（Choices Logo），又称选择计划（Choices Programme）、荷兰选择（the Dutch Choices），由荷兰的选择国际基金会（Choice International Foundation）于 2006 年 5 月兴起，以勾选图形标示营养价值高的生鲜农产品，不同生鲜农产品考虑的营养成分不尽相同，例如，水果和蔬菜（维生素 A、叶酸、维生素 C、膳食纤维）、牛奶（维生素 B_2、维生素 B_{12}、叶酸、钙）、肉类、禽蛋与鱼类（维生素 A、维生素 D、维生素 B_1、维生素 B_{12}、铁）。为引导消费者逐步转变饮食习惯，国际基金会每 4 年定期修订选择标识的营养标准以及重新评估认证过的生鲜农产品。

（3）新加坡

新加坡健康促进局于 1998 年实施较健康选择标志系统，根据新加坡居民的日常饮食习惯，以包装食品与未包装农产品的脂肪、饱和脂肪、钠和膳食纤维等营养成分含量为基础，评价各成分构成对居民饮食健康的贡献，为新加坡居民在超市或商店选购健康食品提供信息。

谷物是较健康选择标志的适用范围，显示较健康选择标志的谷类产品特点是：大米或大米粥中至少 20% 的糙米与大米混合；面包是全麦面包；至少加入 20% 粗粒粉的全麦面。

2015—2018 年，新加坡健康促进委员修订了《较健康选择标志指南》中粮食及制品较健康选择标志项目指导方针。从 2016 年 12 月 29 日开始，新加坡健康促进局在较健康选择标志产品目录中设置了全麦、低血糖指数、低糖、无糖、高钙、低钠、无添加钠、低饱和脂肪、低胆固醇、不含反式脂肪酸等产品类别。需要说明的是，低糖、低钠、低饱和脂肪、低胆固醇的粮食及制品的糖、钠、饱和脂肪、胆固醇比普通产品的含量低 25%；全麦粮食及制品是指粮食及制品的全谷物含量达到一定标准的产品；低血糖指数粮食及制品是指有一定全谷物含量的产品。为预留时间便于粮食及制品生产商解决原标志产品库存、熟悉新的标志信息以及调整配方与更新包装袋等，新加坡健康促进局提供了至少一年的过渡期，规定 2018 年 4 月 1 日之前，生产商需要推出全麦、低血糖指数、低糖、无糖、高钙、低钠、无添加钠、低饱和脂肪、低胆固醇、不含反式脂肪酸等较健康选择标志认证的粮食及制品。

(4) 澳大利亚与新西兰

健康星级评分系统是澳大利亚政府和新西兰政府于 2014 年实施的对包装袋食品的健康程度以星级评分方式引导消费者从同类食品中快速识别并购买健康产品的 FOP 标签系统。健康星级评分系统能应用于谷物产品、面包等粮食制品，但仅能支持消费者比较同类粮食制品的健康程度。健康星级评分算法（HSRC）基于澳大利亚新西兰食品标准局（FSANZ）制定的营养成分分析评分标准（NPSC），将粮食制品的能量和 6 种营养成分（钠、饱和脂肪、总糖、蛋白质、纤维、水果 / 蔬菜 / 坚果 / 豆类）划分为有益成分（水果 / 蔬菜 / 坚果豆类、蛋白质、膳食纤维）和危险成分（总能量、饱和脂肪、钠、糖）两类。评分算法有 4 个步骤：第一步，将粮食制品划分为若干子类别；第二步，确定粮食制品的形式以便计算产品的营养素含量及健康评分，主要依据营养信息列表（NIP）确定；第三步，根据营养成分评分标准（NPSC）对粮食制品中每 100 g（或 mL）的营养成分进行一致性度量，分别计算危险营养成分和有益营养成分的得分；第四步，计算最终得分，然后再结合粮食制品类别，根据《健康星级评分算法行业指南》查询健康星级评分，确定星级数量（0.5 星最低，表示健康程度最差；5 星最高，表示健康程度最高）。

为培养消费者对粮食制品健康星级评分系统的信心，澳大利亚提出“星星越多越健康”口号，对粮食制品的健康星级评分系统开展印刷广告、在线广告、店内货架等方式宣传。例如，2016 年 3 月 21 日至 6 月 30 日，全国排名前 50 的所有商店的谷类产品货架上通过垂直鳍状条幅和横幅开展宣传。新西兰提出“当你寻找星星时，更健康更容易”口号，采用户外海报、在线视频、电视（影）广告等方式宣传，从 2016 年 3 月开始，在电视点播网络频道和 YouTube 上播放一系列健康星级评分系统应用于早餐麦片的动画视频。

健康星级评分系统运行良好，对澳大利亚和新西兰的粮食制品生产商、超市、消费者均产生积极的影响：一是推动了健康星级评分系统在粮食制品的广泛使用。截至 2018 年 6 月，新西兰国内共有 400 种谷类食品使用了健康星级评分系统，是第二大使用率最高的食品，仅次于包装果蔬（450 种）；二是鼓励食品生产商和大型零售商积极利用健康星级评分系统指导粮食制品开发和重新配方，健康星级评分系统推出后，粮食制品的能量和饱和脂肪含量显著下降，膳食纤维含量显著上升；三是有效引导消费者采用健康星级评分系统购买健康程度高的粮食制品。澳大利亚消费者表示，早餐麦片、面包是他们最有可能使用健康星级评分系统的粮食制品，而早餐麦片是新西兰消费者最常用健康星级评分系统的粮食制品。

（5）美国

2006 年，Guiding Stars 标签由成立于美国缅因州的指引星认证企业正式实施。指引星认证企业的科学顾问小组依据美国居民膳食指南中达成的营养共识与最新美国营养政策，开发了指引星营养评价算法，对食物营养价值以 0~3 颗星的分级图标显示。Guiding Stars 标签遵循“数据渠道确立→营养成分选取→得分计算→星级标示”系列程序对食物营养进行评级。对于肉类、水果、海鲜和蔬菜等没有显示营养标签的生鲜农产品，则采用美国农业部的国家营养数据库（SR-28）数据，对于水果、蔬菜，以维生素、矿物质、纤维等营养成分为评价指标，对于肉类、禽蛋、水产品，以维生素、矿物质、纤维、ω-3 脂肪酸、饱和脂肪等营养成分为评价指标，然后将营养成分分为推荐性营养成分（如维生素、矿物质、纤维、ω-3 脂肪酸）与限制性营养成分（如饱和脂肪），分别赋予正值与负值，通过一定运算法则进行相加，然后将得分转换为 0~3 颗星。总分在 0~11 分之间共有 1~3 颗星，星级越多，营养价值越高，越有助于人体健康。总分 -41~0 的食物显示 0 颗星，0 表示推荐性营养成分低于限制性营养成分，但 0 不代表毫无营养价值，而是应控制摄入量，注重饮食搭配。由于不同食物之间的食用分量差别较大和营养非匀质，统一采用每 100cal 的营养密度作为统计口径，避免不同分量单位混淆。

（6）NuVal 评分标签

NuVal 评分标签，又称 NuVal 营养评分系统（NuVal nutritional scoring system），是由 NuVal 有限责任公司（NuVal LLC.）于 2010 年推行实施。NuVal 的评分机制由耶鲁大学、哈佛大学和西北大学等顶尖大学的营养和医学专家团队独立开发，从 1~100 对食物进行评分，得分为 1 的食物最不健康，得分为 100 的食物最健康，得分越高，食物越健康。而且，NuVal

评分标签将评分与生鲜农产品价格相联系，显示在货架与海报上，方便消费者比较他们所支付的营养价值。

NuVal 评分标签基于 30 多种营养成分的整体营养质量指数（Overall nutritional quality index，ONQI）算法，从推荐性营养成分、限制性营养成分、热量 3 方面评价生鲜农产品。在运算法则中，推荐性营养成分构成分子，限制性营养成分构成分母，每种营养成分的权重都基于对美国人健康的影响程度设计，即推荐性营养成分分值越高或者限制性营养成分分值越低，NuVal 评分越高。此外，算法还考虑了营养密度（每卡路里食物的营养物质含量）、蛋白质质量、脂肪质量和血糖负荷。为适应美国居民膳食指南的最新建议，2014 年，NuVal 评分标签调整了蛋白质、纤维等的权重，改变对许多食物的评分，例如，牛肉（95% 为瘦肉）的评分从 57 降为 32，去皮鸡胸肉从 57 调低至 39，鸡蛋从 56 调为 33。

（7）法国

2013 年以来，法国的肥胖症患病率越加严重，根据法国最大的流行病学及公众健康调研机构 CONSTANCES 的一项调查数据显示，近 16% 的成年人患有肥胖症。

对此，法国卫生部采取了一系列公共卫生措施，在 2017 年开发并实施了 Nutri-score 标签。Nutri-score 标签又称 5 色营养标签（5-CNL），通过字母和颜色显示食品健康程度和营养均衡性。 Nutri-score 标签共有 A（最健康）~E（最不健康）5 个健康等级，表示产品对均衡饮食从大到小的贡献。关于颜色部分，Nutri-score 标签图标采用交通灯信号设计原理，A、B、C、D、E 评级分别对应深绿色、浅绿色、黄色、橘红色和红色，其中绿色代表建议多吃，红色代表适度食用。针对具体食品，Nutri-score 标签的评级字母在徽标上会进行放大突显，方便消费者迅速辨别产品的营养价值，并在同类食品中进行比较选择。法国制造商在食品包装上标示 Nutri-score 标签属于自愿行为，并非强制，但基本覆盖 BoniSelection 品牌产品，该标签显示在食品包装正面的右下角，在 Colruyt、Bio-PLanet、OKay 和 Spar 等商店推广实施，尤其是 Bio-Planet 商店，Nutri-score 标签在所有食品的价格标签上均有注明。鉴于 Nutri-score 标签尚未覆盖法国全部食品，除了通过网站（https：//www.bfmtv.com/sante /nutriscore-calculez-la-note-obtenue-par-vos-produits-1122379.html）查询，Colruyt 集团开发了 Nutri-score 标签的 Smart With Food 手机应用程序。购物时，消费者只需通过应用程序扫一扫食品包装袋的条形码，就可以将食品的营养成分信息转为 Nutri-score 评级。

3. FOP 的目的

为了与营养标签的使用形成互补，旨在帮助消费者方便、快速、捕捉食品的营养价值，并帮助大家选择更健康的食品减少慢性病发生发展。

另外，FOP 鼓励食品制造商改良产品配方，降低食品加工过程中盐、脂肪和糖的使用量，进而为消费者创建一个低脂、低盐、低糖的膳食环境，从而起到预防和降低肥胖和其他饮食相关慢性病的作用。

4. FOP 的适用范围

FOP 针对的是预包装的加工食品，不包括原型食物和特殊膳食用食品，覆盖的食品类别包括乳及乳制品、坚果和籽类、粮谷类制品、肉制品、水产制品、蛋制品、豆类制品、蔬果产品、水和饮料、其他食品 10 类。

5. FOP 标签在我国的发展

2006 年，中国疾病预防控制中心营养与健康所杨月欣教授团队，就开始在国家科技部项目的支持下研究食物营养评价方法和 Nutrient Profile，由此演变营养标签可用的 FOP。FOP 工作组经过三年多的工作，和多次的意见征询，推出《预包装食品“健康选择”标识使用规范》，可以说是中国的 FOP。中国的 FOP，规定了包括总脂肪、饱和脂肪、总糖和钠的含量限制和符合限制条件后所使用的标识“健康选择”。FOP 针对的是预包装的加工食品，不包括原型食物和特殊膳食用食品，覆盖的食品类别包括乳及乳制品、坚果和籽类、粮谷类制品、肉制品、水产制品、蛋制品、豆类制品、蔬果产品、水和饮料、其他食品 10 类。凡是生产这些产品的企业，都可以遵循中国 FOP 指导要求，设计配方、逐步达到指标界限值。

FOP 涉及的目标人群不包括婴幼儿在内的特殊人群。因为这些特殊人群对油、盐、糖的需要有着特殊性，不可按照普通成人标准要求。中国 FOP 指导要求的使用，其短期意义是可以让方便消费者比较容易识别同类食品中的低油、低盐、低糖产品，通过查看在食品包装正面标识的“健康选择”图标，可以快速地在众多产品中挑选出相对更健康的包装食品。

2017 年，中国营养学会发布《预包装食品“健康选择”标识使用规范（试行）》。基于国外现存的 FOP 体系，通过比对性研究并参考我国现有标准，建立了适合我国预包装食品特征的 FOP 食品分类体系。《预包装食品“健康选择”标识使用规范（试行）》采用总结性指标体系，控制指标包括脂肪、饱和脂肪、总糖和钠，将《食品安全国家标准　预包装食品营养标签通则》（GB 28050—2011）和《中国居民膳食营养素参考摄入量（2013 版）》作为参考标准，针对各食品类别制定相应的阈值标准。该规范授予满足标准的食品“健康选择”图标表明其较健康的特性。这类食品可以在向消费者提供的最小销售单元包装上标识“健康选择”。

预包装食品“健康选择”标识统一使用规范，是以减少预包装食品中油、盐、糖含量为目标的健康行动。预包装食品包装正面标识 FOP，通过制定减少油、盐、糖的系列营养标准规则，统一衡量或判断食品是否符合，或以此为目标调整食品配方，逐步满足“三减”的条件。

FOP 体系可以用作营养标签的一部分，在补充和支持膳食指南、消费者营养健康教育、制定营养政策，以及旨在改善饮食的公共卫生政策干预研究等领域都发挥了重要作用。FOP 体系的评价指标是与公共意义相关的，限制该目标营养素的摄入对预防和控制肥胖及其他饮食相关慢性病发挥着重要的作用。FOP 体系的使用对消费者起到宣传教育和膳食指导的作用，鼓励健康膳食，进而促进健康生活方式，还可以作为食品生产和销售企业对产品自我评估和创新管理的工具。

三、RFID 标签

RFID 标签也称智能标签、电子标签、无线 IC 标签等，是一种通过无线电波来达到非接触的资料存取技术，是电子和计算机等高新技术在标签印制上的结晶。RFID 是无线射频识别系统，其工作原理是，当卷标进入磁场区域后，接收的读取器发出信号，凭借感应电流所获得的能量发送出存储在芯片中的产品信息，或者主动发送某一频率的信号，读取器读取信息并译码后，送至中央信息计算机系统进行有关的处理。

近年来，由于国内外农产品及农产品加工（食品）安全危机频繁发生，影响人们的身体健康和社会的稳定，引起了全世界的广泛关注，欧盟、美国、日本等发达国家和地区，要求对出口到当地的农产品均必须能够进行跟踪和追溯。如何对农产品加工有效跟踪和追溯，建立有效安全机制是一个极为迫切的课题。实施农产品追踪溯源，要求农产品的外包装及其系统具有“准确、可靠、快速、一致”的特点，有效地建立起食品安全的“预警机制”。可实施农产品追溯的方法较多，有物理方法、化学方法、生物方法等。但目前实施可行性和可靠性最好的方法还是在农产品包装中集成应用 RFID 技术。RFID 在农产品包装安全管理上，通过对农产品属性以及参与方处理的信息进行有效标识警示，进行相关信息的获取、传输和管理。

农产品作为整个食物链的基础，在包装追踪与溯源安全机制上建立一项系统工程，使农产品的供应链所有参与者达成一致的协议和结成同盟，每一方和每一环节提供正确的 RFID 或条码的数据信息，并确保这些数据的准确、可靠和安全。

1. 数据要素

对农产品原料、产地、加工、包装、贮藏、运输、销售等环节，进行对象特性、动作、时间、地点、环境等要素进行数据抽象提取，并将数据以一定的数据结构分组、归纳、提取，以方便数据的检索、提取、总结。

2. 设计包装结构和工艺

RFID 系统使用无线电波在贴电子标签的农产品外包装与主机读写器之间传送信息，尽管现在各行业对该系统的优点强调很多，但实验证明：被包装物将影响标签识读率（水为25%，大米为80.6%）；包装标签的方向也对识读率有影响。因此设计确定可靠的 RFID 标签包装结构和包装工艺是非常必要的。

3. 在农业的应用

（1）识别动物身份

动物的电子标签存储动物的基本信息，使用 ISO 的编码标准，代码为 64 位。电子标签使用不同的形式放置于动物的身体上，有耳标（牌）、项圈、药丸式、可注射式标签。其中耳标使用最广。

（2）追溯农产品

生产农产品时，在 RFID 标签中写入产品名称、产地等基本信息；收购产品时，按种类分拣并写入类别信息；加工时，写入保存方式、加工日期及保质期等信息；运输与仓储时，自动记录进出库的信息等。如果某一环节出现问题，可以追溯其源头。RFID 技术有助于农产品的安全生产与管理。

第六章　结语

一、总结

从目前市场上流通的农产品的情况来看，包装问题要小一些，而标识问题普遍存在，不仅存在于有包装的农产品上，没有包装的农产品问题更多。应该说有包装的农产品做标识相对好操作，完全可以让包装成为标识的载体。

二、建议

1. 完善我国食品标签法规及食品标签标准体系

进一步制定满足国际、国内实际需求的食品标识法规及标准，广泛参与国际标准制修订工作，加快我国食品安全管理的国际化进程，有效规避食品出口的技术壁垒。参照食品法典委员会（CAC）的标准和发达国家对食品标签 标准的制定，制定适合本国的食品标签标准。严格执行《食品安全国家标准　预包装食品标签通则》（GB 7718—2011），加快一些新兴食品标签标准的制定。从长远看来，随着中国消费者对自身保护意识的增强，对食品中致敏原的规定也应列为强制性要求。

2. 注重宣传和指导，强化法规及标准的执行

各地质检部门应开展新标准的宣传，提醒广大食品生产企业高度重视。通过举办培训班、媒体宣传、科普知识讲座等多种形式，针对性地、分层次地宣传、介绍、讲授新标准的规定。特别是更新之处，让生产者、经营者、消费者从不同的角度了解、掌握新标准，共同按强制性标准的要求运作。为企业提供技术上的帮助，减少企业和政府监督部门的摩擦，推动食品标识法规及标准的顺利实施。

3. 加大食品标签监督检查力度，强化食品标签管理

相关部门应依法开展食品标签监督检查，查处不合格标签行为，有效维护消费者权益。质检部门、工商管理部门要加强监督检查力度，对于进出口食品、国产食品都要严格监督食品标签新标准的实施情况，及时发现并解决问题，避免因标签不合格而造成的经济损失。

4. 食品生产企业应加强自身食品标签管理，规范食品生产

企业要加强自律，自觉自愿遵守食品标签标准。出口食品生产企业必须增强标签意识，密切关注贸易各国特别是美国的有关食品技术法规的制修订，了解并熟悉贸易各国新食品安全法规的具体内容和有关要求，严格根据贸易各国法规要求组织生产，以减免不必要的损失。

5. 强化食品标签管理，提高食品安全性

建立食品可追溯系统已成为成功构建食品质量安全管理体系的重要策略和发展趋势。食品标签是可追溯系统的重要组成部分，他们之间具有密不可分的关系。现阶段，可将规范食品标签管理和实行食品可追溯管理有机结合起来，相互促进、共同实施，从而有效推动食品监管建设，切实保障我国食品安全。

只有各级联动，各级政府各施其责，共同做好各项基础工作，才能从根本上推进包装标识制度的建设与推广，做好农产品质量安全监管工作。

参考文献

OSTROUMOV L，PROSEKOV A，ZHELEZNOV A，等，2010. 俄罗斯和中国食品质量标准比较分析：以奶酪标准为例 [J]. 中国乳业（2）：52–56.

白玉良，王丽华，2008. 美国有机法规 7CFR 205 和欧盟 2092/91 法规对比分析 [J]. 检验检疫科学（1）：60–62.

步营，朱文慧，李钰金，2009. 国内外食品营养标签管理状况及我国应对措施 [J]. 中国食品添加剂（3）：48–52，60.

常燕亭，2009. 主要发达国家食品安全法律规制研究 [J]. 内蒙古农业大学学报（社会科学版），11（5）：39–41.

陈飞，2009. 美国要求部分农产品加贴原产地标签 [N]. 中国国门时报，2009–04–03（3）.

陈洁，邓志喜，2008. 欧盟食品、农产品包装和标识立法与管理研究 [J]. 农业质量标准（6）：41–45.

陈丽平，2005. 转基因农产品标识将有法可依 [N]. 法制日报，2005–10–23（2）.

陈晓静，2018. 加拿大食品标签要求 [J]. 标准科学（8）：75–77.

陈正行，顾亚萍，钱和，2007. 与食品相关的体系认证和产品认证 [J]. 食品科技（1）：1–4.

崔路，马列贞，2005. 关注日本新的《腌制农产品质量标签标准》保护我国饮料企业生产和出口 [N]. 中国国门时报，2005–11–03（7）.

戴炳仁，2004. 韩国水产品认证制度有望升级 [N]. 中国国门时报，2004–10–27.

戴炳仁，2005. 法国农产品认证标识简介 [N]. 中国国门时报，2005–02–23

戴蓬军，1999. 法国的农产品质量识别标志制度 [J]. 世界农业（7）：11–12.

董新昕，杨月欣，王强，2010. 中美食品标签管理体系浅析 [J]. 中国食品卫生杂志，22（1）：53–56.

方利萍，骆正龙，康玉燕，2014. 美国原产地标签法规的实施及启示 [J]. 中国检验检疫（2）：39–40.

方志权，张俊辉，2002. 德国的有机农业 [J]. 农业环境与发展，19（1）：45–46.

冯怀宇，2003. 日本质量标签标准及监管体制 [J]. 世界标准化与质量管理（6）：33–35.
冯云，和文龙，2008. 日本特别栽培农产品认证标准和认证制度 [J]. 世界农业（3）：49–52.
付玉杰，2015. 浅析我国转基因农产品标识制度的完善 [J]. 法制博览，2015（6）：245，244.
高国文，朱红霞，胡浒，2011. 农产品包装标识制度的作用及推进对策探讨 [J]. 农产品质量与安全（1）：53–55.
高空，2009. 俄罗斯食品安全法与食品市场整治 [J]. 俄罗斯中亚东欧市场（7）：48–53.
韩沛新，李显军，郭春敏，等，2005. 以意大利为例浅谈欧盟有机农业发展促进机制 [J]. 世界农业（4）：12–15.
韩溪，李广兴，罗公平，等，2015. 我国与俄白哈海关联盟肉类生产加工要求对比 [J]. 黑龙江畜牧兽医（18）：62–65.
禾本，2017. 新西兰：鼓励消费者检查有机产品认证标志 [J]. 中国果业信息，34（8）：23.
何昆，2008. 论农产品地理标志的法律保护 [D]. 重庆：西南大学 .
黄灿，2004. 欧盟、国际食品法典和中国食品标签标准比较研究（Ⅰ）[J]. 包装与食品机械（1）：4–8.
黄灿，2004. 欧盟、国际食品法典和中国食品标签标准比较研究（Ⅱ）[J]. 包装与食品机械（2）：11–15.
黄霆钧，张欣琪，刘安游，等，2020. 我国食品过敏原标准体系构建研究 [J]. 中国标准化（3）：129–132，164.
黄泽颖，2020. 北欧食品 Keyhole 标签系统的做法与启示 [J]. 农产品质量与安全（3）：88–91.
黄泽颖，2020. 典型国家 FOP 标签系统在粮食及制品应用与启示 [J]. 中国粮油学报，35（12）：198–202.
黄泽颖，2020. 食品包装正面标签系统研究趋势与展望 [J]. 食品安全质量检测学报，11（1）：285–292.
黄泽颖，2020. 我国粮食制品 FOP 均衡营养标签运作机制设想 [J]. 粮食与油脂，33（9）：15–17.
黄泽颖，2020. 英国食品交通灯信号标签系统经验与借鉴 [J]. 食品与机械，36（4）：1–7.
黄泽颖，2020. 政府主导型食品 FOP 标签系统国际经验与启发 [J]. 世界农业（3）：12–17，134.
黄泽颖，2021. 美国营养标签发展特征及其对我国食品营养标签制度的启示 [J]. 食品安全质量检测学报，12（15）：6 222–6 227.

黄泽颖，黄贝珣，2021. Nutri-score 标签的应用实践及其对中国的启发 [J]. 食品与机械，37（5）：1-5.

黄泽颖，黄贝珣，2021. 美国食品 Facts up Front 标签的主要经验与启发 [J]. 食品与机械，37（7）：116-119.

黄泽颖，黄贝珣，黄家章，2021. 生鲜农产品 FOP 标签的国际经验与启发 [J]. 中国食物与营养，27（7）：29-33.

黄泽颖，黄家章，2021. 美国居民膳食指南对营养标签的使用建议与启发 [J]. 中国食物与营养，27（8）：29-32.

纪法，2004. 法国认证合格的农产品食品标签体系 [N]. 中国质量报，2004-08-28.

姜雪，王涛，陈娜，2017. 浅谈我国预包装食品标签法规体系的演进与现况 [J]. 饮料工业，20（2）：67-70.

金发忠，宋怿，袁广义，等，2007. 澳大利亚农产品质量安全管理与认证 [J]. 农业质量标准（2）：48-51.

李炳旿，许国栋，王志刚，2015. 韩国食品安全的制度法规与认证体系及其对我国的启示 [J]. 宏观质量研究，3（1）：81-92.

李旻怡，2014. 亟待完善的转基因食品标识制度 [J]. 大豆科技（1）：8-17.

李顺德，2002. 中国对原产地地理标识的保护 [A]// 专利法研究（2002）. 北京：国家知识产权局条法司：15.

李小艳，杨西安，沈莉，2013. 中美食品标签标注要求比较分析 [J]. 现代农业科技（19）：303-304.

林传坤，2017. 我国农产品和农业生产过程中生态补偿法律制度研究 [J]. 知识经济（20）：64，66.

林其水，2009. RFID 标签在农产品包装中的应用 [N]. 中国包装报，2009-03-31（3）.

林文军，2004. 法国农产品的特殊工艺证书和标识 [N]. 中国质量报，2004-11-20.

林文军，2004. 法国重视农产品质量标签 [N]. 国际商报，2004-10-20（3）.

林雪玲，叶科泰，2006. 日本食品安全法规及食品标签标准浅析 [J]. 世界标准化与质量管理（2）：58-61.

刘步瑜，陶菲，杨慧娟，2020. 日本农林规格制度与我国“三品一标”制度比较研究 [J]. 质量探索，17（1）：56-63.

刘昕，马列贞，吴杏霞，等，2006. 从日本标签、标识制度分析技术性贸易措施三要素的协同

作用 [J]. 中国标准化（2）：31–32，49–50.
罗思，2005. 俄罗斯食品标签新标准介绍 [J]. 中国标准化（6）：22.
马强，钱自顺，2018. 原产地保护标识下农产品收益的制约因素分析：常山胡柚生产者视角 [J]. 安徽农业科学，46（28）：199–202.
马述忠，黄祖辉，2002. 我国转基因农产品国际贸易标签管理：现状、规则及其对策建议 [J]. 农业技术经济（1）：57–63.
秦愚，2012. 法国红色标签认证制度对我国提高农产品质量的启示 [J]. 商场现代化（1）：22–23.
申娜，2019. 碳标签制度对中国国际贸易的影响与对策研究 [J]. 生态经济，35（5）：21–25.
沈学友，2009. 俄罗斯商品包装标签的有关规定 [N]. 中国包装报，2009–01–14（4）.
帅传敏，吕婕，陈艳，2011. 食物里程和碳标签对世界农产品贸易影响的初探 [J]. 对外经贸实务（2）：39–41.
宋洁，2009. 有机农业及发展：基于环境经济下的中国有机农业及其产品市场分析 [D]. 北京：对外经济贸易大学 .
孙博宏，2017. 国内外食品标识法规及标准的探讨与分析 [J]. 食品安全导刊（36）：26.
孙冠英，2003. 日本果蔬进口的法规要求及检验程序 [J]. 上海标准化（12）：45–46.
孙冠英，2004. 日本农业标准化管理制度 [J]. 中国标准化（8）：69–71，74.
孙冠英，张琳，2004.“标准化知识讲座”系列之日本形形色色的食品标志 [J]. 上海标准化（11）：46–48.
孙双艳，宋晓燕，2021. 哈萨克斯坦进口农食产品法律法规现状 [J]. 植物检疫，35（3）：81–84.
孙滔，2011. 碳标签：贸易保护主义的新措施 [J]. 生产力研究（12）：172–173.
孙正东，2016. 保护原产地 提升竞争力——法国原产地名称保护制度对安徽的启示 [J]. 农村工作通讯（22）：58–60.
唐辉宇，2005. 法国重视农产品包装标识 [J]. 小康生活（11）：51.
田浩楠，2019. 依案说法：浅论食用农产品的定性及标签规定 [J]. 食品安全导刊（16）：36–37.
田玲，2010. 论地理标志的法律保护 [D]. 天津：南开大学 .
王桂朝，许明，2007. 俄罗斯禽肉、禽蛋食品标签要求 [J]. 中国家禽（9）：39–40.
王建中，2007. 我国全面实施食品标签制度的建议 [J]. 中国质量（10）：27–28，10.

王梦娟，李江华，郭林宇，等，2014. 欧盟食品中过敏原标识的管理及对我国的启示 [J]. 食品科学，35（1）：261–265.

王敏峰，夏强，王攀，2013. 中国食品过敏原标签标注研究 [J]. 食品工业，34（12）：189–191.

王世豪，陈曙光，2016. 有机 RFID 标签在农产品食品溯源中的应用 [J]. 物联网技术，6（11）：24–27.

王淑珍，2007. 俄罗斯联邦国家标准：食品消费说明一般要求 [J]. 中国包装工业（8）：39–43.

王文枝，温焕斌，靳淑敏，等，2011. 世界各国食品过敏原种类及标识情况概述 [J]. 食品工业科技，32（4）：419–422.

王彦炯，郑永利，2020. 法国生态农业标签制度发展现状及我国农产品质量认定管理发展的启示和建议 [J]. 中国食物与营养，26（1）：21–23.

吴彬，刘珊，2013. 法国地理标志法律保护制度及对中国的启示 [J]. 华中农业大学学报（社会科学版）（6）：121–126.

小鹿，2014. 德国生态有机农业 [J]. 农产品市场周刊（16）：62–63.

徐淑霞，2004. 俄罗斯进口罐头、香肠等肉类制成品的兽医卫生要求 [N]. 中国国门时报，2004–09–08

徐淑霞，2008. 俄对进境水果蔬菜标签有明确要求 [N]. 中俄经贸时报，2008–03–27（3）.

杨杰，覃志彬，2009. 认证农产品实行包装标识上市 [N]. 新疆日报（汉），2009–03–20（2）.

杨丽，2007. 我国农产品标签标识法规与标准研究 [J]. 世界标准信息（8）：55–59.

杨丽，2007. 有机农产品认证国际互认的现状及国际标准的影响 [J]. 中国食物与营养（4）：4–6.

杨祯妮，周琳，程广燕，等，2017. 英国食物消费引导与营养干预措施及启示 [J]. 世界农业（7）：33–38.

叶明，2008. 农产品质量管理法律制度的回顾与展望 [J]. 农业展望（5）：36–39.

佚名，2000. 韩国的转基因食品标识制 [J]. 中外食品工业信息（5）：49.

佚名，2002. 韩国发布转基因粮食标签新准则 [J]. 世界热带农业信息（10）：11.

佚名，2003. 有机食品将成主导食品规范的标签、包装将成为明显的特征之一 [N]. 中国包装报，2003/10/01（T00）.

佚名，2004. 韩水产品认证制度将变 [J]. 食品科学（10）：414.

佚名，2006. 俄罗斯联邦重新修订和实施《食品品质与安全联邦法》[J]. 广东茶业（2）：29.

佚名，2006. 欧盟食品植物法规及进口禁令 [N]. 公共商务信息导报，2006–07–14（4）.

佚名，2009. 德国有机农业的发展 [J]. 农业工程技术（农产品加工业）（12）：30–32.

佚名，2010. 各国食品标签制度 [J]. 包装工程，31（9）：14.

佚名，2012. 美国农业部规定生鲜肉类须标识营养成分 [J]. 农产品市场周刊（12）：23–23.

佚名，2012. 莫斯科废除食品包装“不含转基因成分”标签 [J]. 中国包装，32（5）：29–30.

佚名，2014. 农产品包装应当符合哪些要求 ?[J]. 农业科技与信息（5）：25.

佚名，2014. 英国食品标准局发布食物过敏原标签行业指南 [J]. 中国食品学报，14（8）：196.

佚名，2015. 英国颁布新的食品标签法规 [J]. 世界农业（2）：192–193.

佚名，2015 无公害农产品标志标识 [J]. 农产品质量与安全（5）：46.

佚名，2019. 俄罗斯拟制定有机产品标准 [J]. 食品与机械，35（7）：133.

佚名，2019. 意大利农业是欧洲最“绿色”的农业 [J]. 世界热带农业信息（11）：13.

佚名，2019. 英国要求对直接销售预包装食品实施全部成分强制性标示 [J]. 中国食品卫生杂志，31（3）：275.

佚名，2020. 法国欢迎签署《中欧地理标志协定》[J]. 中国对外贸易（10）：13.

于爱芝，2008. 澳大利亚转基因技术在农业中的应用、管理政策及启示 [J]. 世界农业（7）：11–14.

于维军，2004. 法国农产品质量认证标识 [N]. 中国国门时报，2004–08–10.

于维军，2004. 各国转基因法规对农产品国际贸易的影响 [J]. 中国标准导报（1）：34–37.

张晨，2009. 地理标志农产品的法律保护机制研究 [D]. 天津：天津大学 .

张华丽，郭丽丽，2014. 浅析我国食品标签法规及标准现状与对策 [J]. 标准科学（4）：58–60.

张莉，张敬毅，程晓宇，等，2019. 法国生态农业发展的成效、新措施及启示 [J]. 世界农业（11）：18–23，130.

张琳，鞠晓晖，2016. 我国水产品地理标志保护及国际经验借鉴 [J]. 农村经济与科技，27（9）：89–90，228.

张钦彬，2008. 法国食品标签制度 [J]. 太平洋学报（7）：25–29.

张霞，赵天来，赵良娟，等，2014. 食品过敏原标签管理 [J]. 食品安全质量检测学报，5（6）：1876–1880.

张亚峰，何丽敏，闫文军，2021. 中国与意大利地理标志制度比较研究 [J]. 经济体制改革（4）：173–179.

赵苏，2014. 与农产品贸易相关的食物里程碳标签及其作用 [J]. 新疆农垦经济（10）：83–86.

赵婷婷，2020. 简述食品过敏原的管控 [J]. 食品安全导刊（22）：46–48.

赵文，2007. 新标签将成为我国出口食品技术壁垒 [N]. 中国包装报，2007-09-05（1）.

赵小平，2006. 地理标识保护与提高我国农产品竞争力 [J]. 山西大学学报（哲学社会科学版）（4）：45-48.

周海燕，丁小霞，李培武，2012. 我国油料标准化发展现状与展望 [J]. 农产品质量与安全（6）：32-35.

朱宏，梁克红，徐海泉，等，2019. 我国农产品营养标准体系现状与发展建议 [J]. 中国农业科学，52（18）：3145-3154.

朱宏，朱红，梁克红，等，2020. 食用农产品营养标签标准法规国际现状与分析 [J]. 中国标准化（8）：215-220.

朱其太，2005. 韩国农产品认证制度与组织体系 [N]. 中国国门时报，2005-06-01.